随园食单

〔清〕袁　枚　著
陈　澍　点校

浙江人民美术出版社

出版说明

　　袁枚（1716—1798），字子才，号简斋，浙江钱塘（今杭州）人。清代著名文学家。乾隆四年（1739）进士。历任溧水、江宁等地知县。中年后，即辞官定居小仓山随园，以文自娱，不复出仕，别号仓山居士、随园老人。著有《小仓山房诗文集》《随园诗话》《子不语》等。

　　袁枚辞官后，长期奔波于官宦及商贾之间，所到之处往往被延为座上贵客，因得以饱尝当时的珍馐美馔。而其对此颇为有心，收集了大量当时的烹饪技艺，所谓"余雅慕此旨，每食于某氏而饱，必使家厨往彼灶觚，执弟子之礼。四十年来，颇集众美。有学就者，有十分中得六七者，有仅得二三者，亦有竟失传者。余都问其方略，集而存之。虽不甚省记，亦载某家某味，以志景行。自觉好学之心，理宜如是。虽死法不足以限生厨，名手作书，亦多出入，未可专求之于故纸。然能率由旧章，终无大谬；临时治具，亦易指名"（袁枚《随园食单序》）。这些文字，便结撰为《随园食单》。

　　《随园食单》全书分为须知单、戒单、海鲜单、江鲜单、特牲单、杂牲单、羽族单、水族有鳞单、水族无鳞单、杂素菜单、小菜单、点心单、饭粥单、茶酒单等十四个部分，详细记述了自宋元至明清时期所流行的五百余种菜肴饭点之治法。正如袁氏自述成书经过所表明的，该书最大的特点系得自于耳闻目验，相较于以前记载"大半陋儒附会"（同上），具有较强的可操作性。因此，该书被认为是我国古代最重要的烹饪专著之一，影响极为深远。

《随园食单》初刊于乾隆五十七年（1792），由小仓山房刊刻出版，嗣后迭有翻刻。如随园乾隆间刊刻本、小仓山房嘉庆元年（1796）新镌本等。此次以初刊本为底本，校以哈佛大学所藏随园乾隆间刊刻本及《续修四库全书》索引小仓山房新镌本，予以标点整理。

为了便于今人的阅读，我们酌情增加了部分注释，并插配了相关图片。在此过程中，重点考证了书中提到的部分人物，借此说明相关菜肴的地域特色。由于整理较为仓促，书中不妥之处在所难免，望读者批评指正。

整理者

2021 年 10 月

目　录

序

诗人美周公而曰"笾豆❶有践"，恶凡伯而曰"彼疏斯稗"。古之于饮食也，若是重乎？他若《易》称"鼎烹"，《书》称"盐梅"，《乡党》《内则》琐琐言之。《孟子》虽贱"饮食之人"，而又言饥渴未能得饮食之正。可见凡事须求一是处，都非易言。《中庸》曰："人莫不饮食也，鲜能知味也。"《典论》曰："一世长者知居处，三世长者知服食。"古人进鬐离肺，皆有法焉，未尝苟且。"子与人歌而善，必使反之，而后和之。"圣人于一艺之微，其善取于人也如是。余雅慕此旨，每食于某氏而饱，必使家厨往彼灶觚，执弟子之礼。四十年来，颇集众美。有学就者，有十分中得六七者，有仅得二三者，亦有竟失传者。余都问其方略，集而存之。虽不甚省记，亦载某家某味，以志景行❷。自觉好学之心，理宜如是。虽死法不足以限生厨，名手作书，亦多出入，未可专求之于故纸。然能率由旧章，终无大谬；临时治具，亦易指名。或曰："人心不同，各如其面。子

❶ 笾豆：笾，古代祭祀或宴会时盛果实、干肉等的竹器。豆，古代盛食物用的器具，形似带高脚的盆。
❷ 景行：即景仰之义。

能必天下之口，皆子之口乎？"曰："执柯以伐柯，其则不远。吾虽不能强天下之口与吾同嗜，而姑且推己及物，则食饮虽微，而吾于忠恕之道，则已尽矣。吾何憾哉！"若夫《说郛》❶所载饮食之书三十余种，眉公、笠翁亦有陈言❷，曾亲试之，皆阏于鼻而蜇于口，大半陋儒附会，吾无取焉。

---

❶ 《说郛》：元末明初陶宗仪所编大型丛书，多选录汉魏至宋元的各种笔记汇集而成，其中收有《蔬食谱》《菌谱》等有关饮食的文献著作。

❷ 眉公、笠翁亦有陈言：指明清时期陈继儒、李渔均有关于饮食的文字传世。

须知单

学问之道，先知而后行，饮食亦然。作《须知单》。

一　先天❶须知

凡物各有先天，如人各有资禀。人性下愚，虽孔、孟教之，无益也；物性不良，虽易牙❷烹之，亦无味也。指其大略：猪宜皮薄，不可腥臊；鸡宜骟嫩❸，不可老稚。鲫鱼以扁身白肚为佳，乌背者必崛强于盘中；鳗鱼以湖溪游泳为贵，江生者必槎枒其骨节。谷喂之鸭，其膘肥而白色；壅土之笋，其节少而甘鲜。同一火腿也，而好丑判若天渊；同一台鲞❹也，而美恶分为冰炭。其他杂物，可以类推。大抵一席佳肴，司厨之功居其六，买办之功居其四。

❶ 先天：指与生俱来、出生即有的特性。
❷ 易牙：又称狄牙、雍巫。春秋时齐桓公宠臣，长于调味，善逢迎。后多以指善烹调者。
❸ 骟嫩：肥嫩。
❹ 台鲞：即鲐鲞，为河豚所制鱼干。

一 作料须知

厨者之作料，如妇人之衣服首饰也。虽有天姿，虽善涂抹，而敝衣蓝缕，西子亦难以为容。善烹调者，酱用伏酱❶，先尝甘否；油用香油，须审生熟；酒用酒酿，应去糟粕；醋用米醋，须求清冽。且酱有清浓之分，油有荤素之别，酒有酸甜之异，醋有陈新之殊，不可丝毫错误。其他葱、椒、姜、桂、糖、盐，虽用之不多，而俱宜选择上品。苏州店卖秋油❷，有上、中、下三等。镇江醋颜色虽佳，味不甚酸，失醋之本旨矣。以板浦醋❸为第一，浦口醋次之。

一 洗刷须知

洗刷之法，燕窝去毛，海参去泥，鱼翅去沙，鹿筋去臊。肉有筋瓣，剔之则酥；鸭有肾臊，削之则净。鱼胆破，而全盘皆苦；鳗涎存，而满碗多腥。韭删叶而白存，菜弃边而心出。《内则》曰："鱼去乙，鳖去丑。"❹此之谓也。谚云："若要鱼好吃，洗得白筋出。"亦此之谓也。

---

❶ 伏酱：三伏天做的酱及酱油。
❷ 秋油：历经三伏天晒酱，立秋时提取的第一批酱油。
❸ 板浦醋：即板浦滴醋。板浦今属于江苏省连云港市海州区，所产醋酸味柔和，回味绵长。
❹ 鱼去乙，鳖去丑：吃鱼要去掉鱼眼边大刺（鱼眼旁呈乙字状的骨头，容易鲠人咽喉），食鳖要去掉鳖的肛门。《礼记·内则》云："狼去肠，狗去肾，狸去正脊，兔去尻，狐去首，豚去脑，鱼去乙，鳖去丑。"

一 调剂须知

调剂之法，相物而施。有酒水兼用者，有专用酒不用水者，有专用水不用酒者。有盐酱并用者，有专用清酱不用盐者，有用盐不用酱者。有物太腻，要用油先炙者；有气太腥，要用醋先喷者。有取鲜必用冰糖者。有以干燥为贵者，使其味入于内，煎炒之物是也；有以汤多为贵者，使其味溢于外，清浮之物是也。

一 配搭须知

谚曰："相女配夫。"《记》曰："拟人必于其伦。"烹调之法，何以异焉。凡一物烹成，必需辅佐。要使清者配清，浓者配浓；柔者配柔，刚者配刚，方有和合之妙。其中可荤可素者，蘑菇、鲜笋、冬瓜是也。可荤不可素者，葱、韭、茴香、新蒜是也。可素不可荤者，芹菜、百合、刀豆是也。常见人置蟹粉于燕窝之中，放百合于鸡、猪之肉，毋乃唐尧与苏峻对坐❶，不太悖乎？亦有交互见功者，炒荤菜用素油，炒素菜用荤油是也。

---

❶ 唐尧与苏峻对坐：指搭配不恰当。唐尧即尧帝，苏峻为东晋时将领。唐尧与苏峻并列，事见《南齐书·崔祖思传》："祖思少有志气，好读书史。初州辟主簿，与刺史刘怀珍于尧庙祠神，庙有苏侯像。怀珍曰：'尧，圣人，而与杂神为列，欲去之，何如？'祖思：'苏峻今日可谓四凶之五也。'怀珍遂令除诸杂神。"

一独用须知

味太浓重者，只宜独用，不可搭配。如李赞皇、张江陵❶一流，须专用之，方尽其才。食物中，鳗也，鳖也，蟹也，鲥鱼也，牛羊也，皆宜独食，不可加搭配。何也？此数物者味甚厚，力量甚大，而流弊亦甚多，用五味调和，全力治之，方能取其长而去其弊，何暇舍其本题，别生枝节哉？金陵人好以海参配甲鱼，鱼翅配蟹粉，我见辄攒眉。觉甲鱼、蟹粉之味，海参、鱼翅分之而不足；海参、鱼翅之弊，甲鱼、蟹粉染之而有余。

一火候须知

熟物之法，最重火候。有须武火者，煎炒是也，火弱则物疲矣。有须文火者，煨煮是也，火猛则物枯矣。有先用武火而后用文火者，收汤之物是也，性急则皮焦而里不熟矣。有愈煮愈嫩者，腰子、鸡蛋之类是也。有略煮即不嫩者，鲜鱼、蚶蛤之类是也。肉起迟则红色变黑，鱼起迟则活肉变死。屡开锅盖，则多沫而少香。火熄再烧，则走油而味失。道人以丹成九转为仙，儒家以无过、不及为中。司厨者，能知火候而谨伺之，则几于道矣。鱼临食时，色白如玉，凝而不散者，活肉也；色白如粉，不相胶粘者，

---

❶ 李赞皇、张江陵：即李德裕、张居正。两人均位极台辅（李德裕于唐武宗时入朝为相，张居正于明隆庆、万历时出任内阁首辅），且都力挽狂澜而颇多政绩。然而，两人又都关于独断专权，不能见容于同僚，或生前或死后遭到打击。

死肉也。明明鲜鱼，而使之不鲜，可恨已极。

一色臭须知

目与鼻，口之邻也，亦口之媒介也。嘉肴到目、到鼻，色、臭便有不同。或净若秋云，或艳如琥珀。其芬芳之气，亦扑鼻而来。不必齿决之、舌尝之，而后知其妙也。然求色艳不可用糖炒，求香不可用香料。一涉粉饰，便伤至味。

一迟速须知

凡人请客，相约于三日之前，自有工夫平章❶百味。若斗然❷客至，急需便餐，作客在外，行船落店，此何能取东海之水，救南池之焚乎？必须预备一种急就章之菜，如炒鸡片、炒肉丝、炒虾米豆腐及糟鱼、茶腿之类，反能因速而见巧者，不可不知。

一变换须知

一物有一物之味，不可混而同之。犹如圣人设教，因才乐育，不拘一律。所谓君子成人之美也。今见俗厨，动以鸡、鸭、猪、鹅一汤同滚，遂令千手雷同，味同嚼蜡。吾恐鸡、猪、鹅、鸭有灵，必到枉死城中告状矣。善治菜者，须多设锅、灶、盂、钵之类，使一物各献一性、一碗各成一味。嗜者舌本应接不暇，自觉心花顿开。

❶ 平章：辨别彰明。
❷ 斗然：即陡然、突然。

一器具须知

古语云："美食不如美器。"斯语是也。然宣、成、嘉、万窑器❶太贵，颇愁损伤，不如竟用御窑，已觉雅丽。惟是宜碗者碗，宜盘者盘，宜大者大，宜小者小，参错其间，方觉生色。若板板于十碗八盘之说，便嫌笨俗。大抵物贵者器宜大，物贱者器宜小。煎炒宜盘，汤羹宜碗；煎炒宜铁锅，煨煮宜砂罐。

一上菜须知

上菜之法，盐者宜先，淡者宜后；浓者宜先，薄者宜后；无汤者宜先，有汤者宜后。且天下原有五味，不可以咸之一味概之。度客食饱，则脾困矣，须用辛辣以振动之；虑客酒多，则胃疲矣，须用酸甘以提醒之。

一时节须知

夏日长而热，宰杀太早，则肉败矣。冬日短而寒，烹饪稍迟，则物生矣。冬宜食牛羊，移之于夏，非其时也。夏宜食干腊，移之于冬，非其时也。辅佐之物，夏宜用芥末，冬宜用胡椒。当三伏天而得冬腌菜，贱物也，而竟成至宝矣。当秋凉时而得行根笋，亦贱物也，而视若珍馐矣。有先时而见好者，三月食鲥鱼是也。有后时而见好者，四月食芋

---

❶ 宣、成、嘉、万窑器：明代宣德、成化、嘉靖、万历时期所烧制的瓷器。

民国时期杭州路边饮食店场景（选自《亚细亚大观》）

芳是也，其他亦可类推。有过时而不可吃者，萝卜过时则心空，山笋过时则味苦，刀鲚过时则骨硬。所谓四时之序，成功者退；精华已竭，褰裳去之也。

一多寡须知

用贵物宜多，用贱物宜少。煎炒之物多，则火力不透，肉亦不松。故用肉不得过半斤，用鸡、鱼不得过六两。或问食之不足如何，曰俟食毕后另炒可也。以多为贵者，白煮肉，非二十斤以外，则淡而无味。粥亦然，非斗米则汁浆不厚，且须扣水，水多物少，则味亦薄矣。

一洁净须知

切葱之刀，不可以切笋；捣椒之臼，不可以捣粉。闻菜有抹布气者，由其布之不洁也；闻菜有砧板气者，由其板之不净也。"工欲善其事，必先利其器。"良厨先多磨刀，多换布，多刮板，多洗手，然后治菜。至于口吸之烟灰，头上之汗汁，灶上之蝇蚁，锅上之烟煤，一玷入菜中，虽绝好烹庖，如西子蒙不洁，人皆掩鼻而过之矣。

一用纤❶须知

俗名豆粉为纤者，即拉船用纤也，须顾名思义。因治肉者要作团而不能合，要作羹而不能腻，故用粉以牵合之。煎炒之时，虑肉贴锅，必至焦老，故用粉以护持之。此纤义也。能解此义用纤，纤必恰当。否则乱用可笑，但觉一片糊涂。《汉制考》齐呼曲麸为媒，媒即纤矣。

一选用须知

选用之法，小炒肉用后臀，做肉圆用前夹心，煨肉用硬短勒❷。炒鱼片用青鱼、季鱼❸，做鱼松用鲟鱼、鲤鱼。蒸鸡用雏鸡，煨鸡用骟鸡，取鸡汁用老鸡。鸡用雌才嫩，鸭用雄才肥。莼菜用头，芹、韭用根。皆一定之理，余可类推。

---

❶ 纤：现在通常说"芡"，指的是烹调时用淀粉调成的汁。

❷ 硬短勒：猪肋排下的板状肉，即五花肉。该肉肥瘦相间，适合做红烧肉、扣肉。

❸ 季鱼：即"鳜鱼"，乃鳜鱼之旧称。

一 疑似须知

味要浓厚，不可油腻；味要清鲜，不可淡薄。此疑似之间，差之毫厘，失以千里。浓厚者，取精多而糟粕去之谓也。若徒贪肥腻，不如专食猪油矣。清鲜者，真味出而俗尘无之谓也。若徒贪淡薄，则不如饮水矣。

一 补救须知

名手调羹，咸淡合宜，老嫩如式，原无需补救。不得已为中人说法，则调味者，宁淡毋咸，淡可加盐以救之，咸则不能使之再淡矣。烹鱼者，宁嫩毋老，嫩可加火候以补之，老则不能强之再嫩矣。此中消息，于一切下作料时，静观火色，便可参详。

一 本分须知

满洲菜多烧煮，汉人菜多羹汤，童而习之，故擅长也。汉请满人，满请汉人，各用所长之菜，转觉入口新鲜，不失邯郸故步。今人忘其本分，而要格外讨好。汉请满人用满菜，满请汉人用汉菜，反致依样葫芦，有名无实，画虎不成反类犬矣。秀才下场，专作自己文字，务极其工，自有遇合。若逢一宗师而摹仿之，逢一主考而摹仿之，则掇皮无真，终身不中矣 **❶**。

---

❶ "秀才下场"句：本指古代秀才参加科举考试，要有自己的文笔格局，不能一意揣摩主考官的喜好。此用来比喻做菜，应当注重自己的特色，不应过分顾虑食客的个人喜好。

戒 单

为政者兴一利，不如除一弊。能除饮食之弊，则思过半矣。作《戒单》。

一戒外加油

俗厨制菜，动熬猪油一锅，临上菜时，勺取而分浇之，以为肥腻。甚至燕窝至清之物，亦复受此玷污。而俗人不知，长吞大嚼，以为得油水入腹，故知前生是饿鬼投来。

一戒同锅熟

同锅熟之弊，已载前"变换须知"一条中。

一戒耳餐

何谓耳餐？耳餐者，务名之谓也。贪贵物之名，夸敬客之意，是以耳餐，非口餐也。不知豆腐得味，远胜燕窝；海菜不佳，不如蔬笋。余尝谓鸡、猪、鱼、鸭，豪杰之士也，各有本味，自成一家。海参、燕窝，庸陋之人也，全无性情，寄人篱下。尝见某太守燕客[1]，大碗如缸臼，煮燕窝四两，丝毫无味，人争夸之。余笑曰："我辈来吃燕窝，非来贩燕窝也。"可贩不可吃，虽多奚为？若徒夸体面，不如碗中竟放明珠百粒，则价值万金矣，其如吃不得何？

一戒目食

何谓目食？目食者，贪多之谓也。今人慕"食前方丈"之名，多盘叠碗，是以目食，非口食也。不知名手写字，多则必有败笔；名人作诗，烦则必有累句。极名厨之心力，一日之中，所作好菜不过四五味耳，尚难拿准，况拉杂横陈乎？就使帮助多人，亦各有意见，全无纪律，愈多愈坏。余尝过一商家，上菜三撤席，点心十六道，共算食品将至四十余种。主人自觉欣欣得意，而我散席还家，仍煮粥充饥。可想见其席之丰而不洁矣。南朝孔琳之曰："今人好用多品，适口之外，皆为悦目之资。"余以为肴馔横陈，熏蒸腥秽，口亦无可悦也。

一戒穿凿

物有本性，不可穿凿为之，自成小巧。即如燕窝佳矣，何必捶以为团？海参可矣，何必熬之为酱？西瓜被切，略迟不鲜，竟有制以为糕者。苹果太熟，上口不脆，竟有蒸之以为脯者。他如《遵生八笺》之秋藤饼、李笠翁之玉兰糕，

---

❶ 燕客：即宴客，招待宾客。

都是矫揉造作，以杞柳为杯棬❶，全失大方。譬如庸德庸行，做到家便是圣人，何必索隐行怪乎？

一戒停顿

物味取鲜，全在起锅时极锋而试。略为停顿，便如霉过衣裳，虽锦绣绮罗，亦晦闷而旧气可憎矣。尝见性急主人，每摆菜必一齐搬出。于是厨人将一席之菜都放蒸笼中，候主人催取，通行齐上。此中尚得有佳味哉？在善烹饪者，一盘一碗，费尽心思。在吃者，卤莽暴戾，囫囵吞下。真所谓得哀家梨❷，仍复蒸食者矣。余到粤东，食杨兰坡明府鳝羹而美，访其故，曰："不过现杀现烹、现熟现吃，不停顿而已。"他物皆可类推。

一戒暴殄

暴者不恤人功，殄者不惜物力。鸡、鱼、鹅、鸭，自首至尾，俱有味存，不必少取多弃也。尝见烹甲鱼者专取其裙❸，而不知味在肉中；蒸鲥鱼者专取其肚，而不知鲜在背上。至贱莫如腌蛋，其佳处虽在黄不在白，然全去其

---

❶ 以杞柳为杯棬：比喻违背事务的本性。典出《孟子·告子上》："告子曰，性犹杞柳也，义犹杯棬也；以人性为仁义，犹以杞柳为杯。"杞柳枝条柔韧，可以编织成杯盘，以盛放物品。杯棬，即杯盘之谓也。

❷ 哀家梨：亦作"哀梨"。传说汉朝秣陵人哀仲所种之梨实大而味美，时人称为"哀家梨"。

❸ 裙：鳖甲边缘的肉质部分。

白而专取其黄，则食者亦觉索然矣。且予为此言，并非俗人惜福之谓，假使暴殄而有益于饮食，犹之可也。暴殄而反累于饮食，又何苦为之？至于烈炭以炙活鹅之掌，剚❶刀以取生鸡之肝，皆君子所不为也。何也？物为人用，使之死可也，使之求死不得不可也。

一戒纵酒

事之是非，惟醒人能知之；味之美恶，亦惟醒人能知之。伊尹❷曰："味之精微，口不能言也。"口且不能言，岂有呼呶酗酒之人能知味者乎？往往见拇战之徒，啖佳菜如啖木屑，心不存焉，所谓惟酒是务，焉知其余，而治味之道扫地矣。万不得已，先于正席尝菜之味，后于撤席逞酒之能，庶乎其两可也。

一戒火锅

冬日宴客，惯用火锅。对客喧腾，已属可厌。且各菜之味，有一定火候，宜文宜武，宜撤宜添，瞬息难差。今一例以火逼之，其味尚可问哉？近人用烧酒代炭，以为得计，而不知物经多滚总能变味。或问菜冷奈何，曰以起锅滚热之菜，不使客登时食尽，而尚能留之以至于冷，则其味之恶劣可知矣。

---

❶ 剚：割。

❷ 伊尹（？—前1550），名挚，尹为官名，夏末商初人。曾以调鼎烹饪的道理，谏言商汤治国。

一戒强让

治具宴客，礼也。然一肴既上，理宜凭客举箸，精肥整碎，各有所好，听从客便，方是道理，何必强勉让之？常见主人以箸夹取，堆置客前，污盘没碗，令人生厌。须知客非无手无目之人，又非儿童、新妇，怕羞忍饿，何必以村妪小家子之见解待之？其慢客也至矣。近日倡家，尤多此种恶习，以箸取菜，硬入人口，有类强奸，殊为可恶。长安有甚好请客而菜不佳者，一客问曰："我与君算相好乎？"主人曰："相好！"客踉而请曰："果然相好，我有所求，必允许而后起。"主人惊问："何求？"曰："此后君家宴客，求免见招。"合坐为之大笑。

一戒走油

凡鱼、肉、鸡、鸭，虽极肥之物，总要使其油在肉中，不落汤中，其味方存而不散。若肉中之油，半落汤中，则汤中之味反在肉外矣。推原其病有三，一误于火太猛，滚急水干，重番加水；一误于火势忽停，既断复续；一病在于太要相度❶，屡起锅盖，则油必走。

一戒落套

唐诗最佳，而五言八韵之试帖，名家不选，何也？以其落套故也。诗尚如此，食亦宜然。今官场之菜，名号有

---

❶ 相度：观察估量。

"十六碟""八簋""四点心"之称，有"满汉席"之称，有"八小吃"之称，有"十大菜"之称，种种俗名，皆恶厨陋习。只可用之于新亲上门，上司入境，以此敷衍：配上椅，披桌裙，插屏香案，三揖百拜方称。若家居欢宴，文酒开筵，安可用此恶套哉？必须盘碗参差，整散杂进，方有名贵之气象。余家寿筵婚席，动至五六桌者，传唤外厨，亦不免落套。然训练之卒，范我驰驱者，其味亦终竟不同。

一戒混浊

混浊者，并非浓厚之谓。同一汤也，望去非黑非白，如缸中搅浑之水。同一卤也，食之不清不腻，如染缸倒出之浆。此种色味，令人难耐。救之之法，总在洗净本身，善加作料，伺察水火，体验酸咸，不使食者舌上有隔皮隔膜之嫌。庚子山❶论文云："索索无真气，昏昏有俗心。"是即混浊之谓也。

一戒苟且

凡事不宜苟且，而于饮食尤甚。厨者，皆小人下材，一日不加赏罚，则一日必生怠玩。火齐未到而姑且下咽，则明日之菜必更加生。真味已失而含忍不言，则下次之羹必加草率。且又不止空赏空罚而已也。其佳者，必指示其所以能佳之由；其劣者，必寻求其所以致劣之故。咸淡必

---

❶ 庚子山：即南北朝时期文学家庾信。

民国时期街头买菜场景（选自"华北交通写真"数据库）

适其中，不可丝毫加减；久暂必得其当，不可任意登盘。厨者偷安，吃者随便，皆饮食之大弊。审问、慎思、明辨，为学之方也；随时指点，教学相长，作师之道也。于味何独不然？

海鲜单

古八珍并无海鲜之说，今世俗尚之，不得不吾从众。作《海鲜单》。

燕　窝

燕窝贵物，原不轻用。如用之，每碗必须二两，先用天泉滚水泡之，将银针挑去黑丝。用嫩鸡汤、好火腿汤、新蘑姑三样汤滚之，看燕窝变成玉色为度。此物至清，不可以油腻杂之；此物至文，不可以武物串之。今人用肉丝、鸡丝杂之，是吃鸡丝、肉丝，非吃燕窝也。且徒务其名，往往以三钱生燕窝盖碗面，如白发数茎，使客一撩不见，空剩粗物满碗，真乞儿卖富，反露贫相。不得已，则蘑菇丝、笋尖丝、鲫鱼肚、野鸡嫩片尚可用也。余到粤东，杨明府冬瓜燕窝甚佳，以柔配柔，以清入清，重用鸡汁、蘑菇汁而已。燕窝皆作玉色，不纯白也。或打作团，或敲成面，俱属穿凿。

海参三法

海参无味之物，沙多气腥，最难讨好。然天性浓重，断不可以清汤煨也。须检小刺参,先泡去沙泥,用肉汤滚泡三次,然后以鸡、肉两汁红煨极烂。辅佐则用香蕈、木耳,以其色黑相似也。大抵明日请客,则先一日要煨海参才烂。常见钱观察家夏日用芥末、鸡汁拌冷海参丝,甚佳。或切小碎丁,用笋丁、香蕈丁入鸡汤煨作羹。蒋侍郎家用豆腐皮、鸡腿、蘑姑煨海参,亦佳。

鱼翅二法

鱼翅难烂,须煮两日,才能摧刚为柔。用有二法:一用好火腿、好鸡汤,加鲜笋、冰糖钱许煨烂,此一法也;一纯用鸡汤串细萝卜丝,拆碎鳞翅搀和其中,飘浮碗面,令食者不能辨其为萝卜丝为鱼翅,此又一法也。用火腿者,汤宜少;用萝卜丝者,汤宜多,总以融洽柔腻为佳。若海参触鼻,鱼翅跳盘,便成笑话。吴道士家做鱼翅,不用下鳞,单用上半厚根,亦有风味。萝卜丝须出水二次,其臭才去。常在郭耕礼 ❶ 家吃鱼翅炒菜,妙绝,惜未传其方法。

鲥 鱼

鲥鱼炒薄片,甚佳。杨中丞 ❷ 家削片入鸡汤、豆腐中,

---

❶ 郭耕礼:陕西泾阳人,寄寓扬州。康熙五十二年(1713)举人,曾署砀山、商丘等地知县。

❷ 杨中丞:杨魁(?—1782),汉军正黄旗人。曾任江苏巡抚、河南巡抚、陕西巡抚,署福建巡抚。中丞,明清时期对巡抚的别称。

号称"鳆鱼豆腐"，上加陈糟油浇之。庄太守❶用大块腹鱼煨整鸭，亦别有风趣。但其性坚，终不能齿决。火煨三日，才拆得碎。

淡　菜

淡菜煨肉加汤，颇鲜；取肉去心，酒炒亦可。

海　蜒

海蜒，宁波小鱼也，味同虾米，以之蒸蛋，甚佳。作小菜亦可。

乌鱼❷蛋

乌鱼蛋最鲜，最难服事。须河水滚透，撤沙去臊，再加鸡汤、蘑菇煨烂。龚云若❸司马家制之，最精。

江瑶柱

江瑶柱出宁波，治法与蚶、蛏同。其鲜脆在柱，故剖

---

❶　庄太守：或为庄经畲。经畲（1711—1765），字汇茹，号研农、念农，江苏武进（今属常州市）人。乾隆二年（1737）进士，授知县，历任建德、盱眙、宁国县知县，泗州、直隶州知州，宁国府知府。

❷　乌鱼：即墨鱼，似章鱼而小。

❸　龚云若：龚如璋，字云若，号梧生，江苏江宁县（今属南京市）人。后改名孙枝，乾隆十九年（1754）进士，尝官山西榆次知县。

壳时多弃少取。

蛎　黄

蛎黄生石子上，壳与石子胶粘不分。剥肉作羹，与蚶、蛤相似。一名鬼眼。乐清、奉化两县土产，别地所无。

江鲜单

郭璞《江赋》[1] 鱼族甚繁，今择其常有者治之。作《江鲜单》。

刀鱼二法

刀鱼用蜜酒酿、清酱放盘中，如鲥鱼法蒸之最佳，不必加水。如嫌刺多，则将极快刀刮取鱼片，用钳抽去其刺。用火腿汤、鸡汤、笋汤煨之，鲜妙绝伦。金陵人畏其多刺，竟油炙极枯，然后煎之。谚曰："驼背夹直，其人不活。"此之谓也。或用快刀将鱼背斜切之，使碎骨尽断，再下锅煎黄，加作料，临食时竟不知有骨。芜湖陶太太法也。

鲥　鱼

鲥鱼用蜜酒蒸食，如治刀鱼之法，便佳。或竟用油煎，加清酱、酒酿，亦佳。万不可切成碎块，加鸡汤煮，或去其背，专取肚皮，则真味全失矣。

---

❶ 郭璞《江赋》：东晋郭璞所创作的一篇赋，围绕江敷陈铺排，其中胪列了大量江中所产之鱼的名称。

白鱼和鲤鱼（选自"华北交通写真"数据库）

鲟　鱼

　　尹文端❶公自夸治鲟鳇最佳，然煨之太熟，颇嫌重浊。惟在苏州唐氏，吃炒鳇鱼片甚佳。其法切片油炮，加酒、秋油滚三十次，下水再滚起锅，加作料，重用瓜、姜、葱花。又一法，将鱼白水煮十滚，去大骨，肉切小方块，取明骨

---

❶　尹文端：即尹继善（1695—1771），姓章佳氏，字元长，号望山，满洲镶黄旗人，东阁大学士兼兵部尚书尹泰之子。雍正元年（1723）进士，历官编修，云南、川陕、两江总督，文华殿大学士兼翰林院掌院学士，协理河务，参赞军务。

切小方块。鸡汤去沫，先煨明骨八分熟，下酒、秋油；再
下鱼肉，煨二分烂起锅，加葱、椒、韭，重用姜汁一大杯。

黄　鱼

黄鱼切小块，酱酒郁❶一个时辰，沥干。入锅爆炒两
面黄，加金华豆豉一茶杯、甜酒一碗、秋油一小杯，同滚。
候卤干色红，加糖，加瓜、姜收起，有沉浸浓郁之妙。又一法，
将黄鱼拆碎入鸡汤作羹，微用甜酱、水、纤粉收起之，亦佳。
大抵黄鱼亦系浓厚之物，不可以清治之也。

班　鱼

班鱼❷最嫩，剥皮去秽，分肝、肉二种，以鸡汤煨之，
下酒三分、水二分、秋油一分。起锅时，加姜汁一大碗、
葱数茎，杀去腥气。

假　蟹

煮黄鱼二条，取肉去骨。加生盐蛋四个，调碎，不拌
入鱼肉。起油锅炮，下鸡汤滚。将盐蛋搅匀，加香蕈、葱、
姜汁、酒。吃时酌用醋。

---

❶ 郁：用酒、油等液体浸泡。
❷ 班鱼：河豚。

特牲单

猪用最多，可称"广大教主"，宜古人有特豚馈食之礼。作《特牲单》。

猪头二法

洗净五斤重者，用甜酒三斤；七八斤者，用甜酒五斤。先将猪头下锅同酒煮，下葱三十根、八角三钱，煮二百余滚，下秋油一大杯、糖一两。候熟后尝咸淡，再将秋油加减。添开水要漫过猪头一寸，上压重物，大火烧一炷香。退出大火，用文火细煨收干，以腻为度。烂后即开锅盖，迟则走油。一法，打木桶一个，中用铜帘❶隔开。将猪头洗净，加作料闷入桶中，用文火隔汤蒸之。猪头熟烂，而其腻垢悉从桶外流出，亦妙。

猪蹄四法

蹄膀一只，不用爪，白水煮烂，去汤；好酒一斤，清酱酒杯半，陈皮一钱，红枣四五个，煨烂。起锅时，用葱、椒、

---

❶ 铜帘：将铜条密排如竹帘式，使猪头不致落入水中。

酒泼入，去陈皮、红枣，此一法也。又一法，先用虾米煎汤代水，加酒、秋油煨之。又一法，用蹄膀一只，先煮熟，用素油灼❶皱其皮，再加作料红煨。有士人好先掇食其皮，号称"揭单被"。又一法，用蹄膀一个，两钵合之，加酒，加秋油，隔水蒸之，以二枝香为度，号"神仙肉"。钱观察家制最精。

猪爪猪筋

专取猪爪，剔去大骨，用鸡肉汤清煨之。筋味与爪相同，可以搭配；有好腿爪，亦可搀入。

猪肚二法

将肚洗净，取极厚处，去上下皮，单用中心，切骰子块，滚油炮炒，加作料起锅，以极脆为佳。此北人法也。南人白水加酒，煨两枝香，以极烂为度，蘸清盐食之，亦可。或加鸡汤、作料，煨烂熏切，亦佳。

猪肺二法

洗肺最难，以洌❷尽肺管血水、剔去包衣为第一着。敲之仆之，挂之倒之，抽管割膜，工夫最细。用酒水滚一日一夜时，缩小如一片白芙蓉，浮于汤面，再加作料，上

---

❶ 灼：盖"炒"或"焯"之借字。
❷ 洌：原为水清之义，此处当通"沥"，沥干。

民国时期街头煮食猪下水的场景（选自"华北交通写真"数据库）

口如泥。汤西厓 ❶ 少宰宴客，每碗四片，已用四肺矣。近人无此工夫，只得将肺拆碎，入鸡汤煨烂，亦佳。得野鸡汤更妙，以清配清故也。用好火腿煨，亦可。

猪 腰

腰片炒枯则木，炒嫩则令人生疑，不如煨烂，酱椒盐食之为佳。或加作料，亦可。只宜手摘，不宜刀切。但须一日工夫，才得如泥耳。此物只宜独用，断不可搀入别菜中，

---

❶ 汤西厓：汤右曾（1656—1722），字西崖，浙江仁和（今杭州）人。康熙二十七年（1688）进士，改庶吉士，授编修，官至更部右侍郎，兼翰林院学士。

最能夺味而惹腥。煨三刻 ❶ 则老，煨一日则嫩。

猪里肉

猪里肉精而且嫩，故人多不食。尝在扬州谢蕴山 ❷ 太守席上食而甘之，云以里肉切片，用纤粉团成小把，入虾汤中，加香蕈、紫菜清煨，一熟便起。

白片肉

须自养之猪，宰后入锅，煮到八分熟，泡在汤中一个时辰。取起，将猪身上行动之处，薄片上桌。不冷不热，以温为度。此是北人擅长之菜。南人效之，终不能佳。且零星市脯，亦难用也。寒士请客，宁用燕窝，不用白片肉，以非多不可故也。割法须用小快刀片之，以肥瘦相参、横斜碎杂为佳，与圣人"割不正不食"一语截然相反。其猪身，肉之名目甚多。满洲"跳神肉"最妙。

红煨肉三法

或用甜酱，或用秋油，或竟不用秋油、甜酱。每肉一斤，用盐三钱，纯酒煨之。亦有用水者，但须熬干水气。三种

❶ 三刻：古代分一昼夜为百刻，三刻相当于今时四十三分。
❷ 谢蕴山：谢启昆（1737—1803），字蕴山，号苏潭，南康（今属江西）人。乾隆二十五年（1760）进士，充国史馆纂修。后为镇江、扬州知府，山西、浙江布政使，嘉庆时官至广西巡抚。内治吏民，外抚夷僚，政绩显著。

治法皆红如琥珀，不可加糖炒色。早起锅则黄，当可则红，过迟则红色变紫，而精肉转硬。常起锅盖，则油走而味都在油中矣。大抵割肉虽方，以烂到不见锋棱、上口而精肉俱化为妙，全以火候为主。谚云："紧火粥，慢火肉。"至哉言乎！

白煨肉

每肉一斤，用白水煮八分好，起出去汤。用酒半斤、盐二钱半，煨一个时辰。用原汤一半加入，滚干汤腻为度，再加葱、椒、木耳、韭菜之类。火先武后文。又一法，每肉一斤，用糖一钱、酒半斤、水一斤、清酱半茶杯，先放酒滚肉一二十次，加茴香一钱，放水闷烂，亦佳。

油灼肉

用硬短勒切方块，去筋襻，酒、酱郁过，入滚油中炮炙之，使肥者不腻，精者肉松。将起锅时，加葱、蒜，微加醋喷之。

干锅蒸肉

用小瓷钵，将肉切方块，加甜酒、秋油，装入钵内。封口放锅内，下用文火干蒸之。以两枝香为度，不用水。秋油与酒之多寡，相肉而行，以盖满肉面为度。

盖碗装肉

放手炉上。法与前同。

瓷坛装肉

放砻糠中慢煨。法与前同，总须封口。

脱沙肉

去皮切碎。每一斤用鸡子❶三个，青黄俱用，调和拌肉。再斩碎，入秋油半酒杯，葱末拌匀，用网油❷一张裹之。外再用菜油四两，煎两面，起出去油。用好酒一茶杯、清酱半酒杯闷透，提起切片。肉之面上，加韭菜、香蕈、笋丁。

晒干肉

切薄片精肉，晒烈日中，以干为度。用陈大头菜，夹片干炒。

火腿煨肉

火腿切方块，冷水滚三次，去汤沥干。将肉切方块，冷水滚二次，去汤沥干。放清水煨，加酒四两、葱、椒、笋、香蕈。

台鲞煨肉

法与火腿煨肉同。鲞易烂，须先煨肉至八分，再加鲞，凉之则号"鲞冻"。绍兴人菜也。鲞不佳者，不必用。

---

❶ 鸡子：即鸡蛋。

❷ 网油：即猪网油，乃猪的肠系膜，烹煮后有异香。

粉蒸肉

用精肥参半之肉，炒米粉黄色，拌面酱蒸之，下用白菜作垫，熟时不但肉美，菜亦美。以不见水，故味独全。江西人菜也。

熏煨肉

先用秋油、酒将肉煨好，带汁上木屑略熏之，不可太久，使干湿参半，香嫩异常。吴小谷❶广文家制之，精极。

芙蓉肉

精肉一斤，切片，清酱拖过，风干一个时辰。用大虾肉四十个，猪油二两，切骰子大。将虾肉放在猪肉上，一只虾，一块肉，敲扁，将滚水煮熟撩起。熬菜油半斤，将肉片放在有眼铜勺内，将滚油灌熟。再用秋油半酒杯、酒一杯、鸡汤一茶杯熬滚，浇肉片上，加蒸粉、葱、椒，糁上起锅。

荔枝肉

用肉切大骨牌片，放白水煮二三十滚，撩起。熬菜油半斤，将肉放入，炮透撩起，用冷水一激，肉皱撩起。放

---

❶ 吴小谷：即吴清皋（1786—1849），字鸣九，号小谷，浙江钱塘（今杭州）人。清嘉庆十八年（1813）举人，官江西抚州、南昌知府。

入锅内，用酒半斤、清酱一小杯、水半斤煮烂。

八宝肉

用肉一斤，精、肥各半，白煮一二十滚，切柳叶片小。淡菜二两，鹰爪二两，香蕈一两，花海蜇二两，核桃肉四个去皮，笋片四两，好火腿二两，麻油一两。将肉入锅，秋油、酒煨至五分熟，再加余物，海蜇下在最后。

菜花头煨肉

用台心菜嫩蕊微腌，晒干用之。

炒肉丝

切细丝，去筋襻、皮、骨，用清酱、酒郁片时，用菜油熬，起白烟变青烟后，下肉炒匀，不停手，加蒸粉，醋一滴，糖一撮，葱白、韭、蒜之类。只炒半斤，大火，不用水。又一法，用油炮后，用酱水，加酒略煨，起锅红色，加韭菜尤香。

炒肉片

将肉精、肥各半，切成薄片，清酱拌之。入锅油炒，闻响即加酱水、葱、瓜、冬笋、韭芽，起锅火要猛烈。

八宝肉圆

猪肉精、肥各半，斩成细酱，用松仁、香蕈、笋尖、荸荠、瓜姜之类斩成细酱，加纤粉和捏成团，放入盘中，加甜酒、秋油蒸之，入口松脆。家致华云："肉圆宜切不宜斩。"必别有所见。

空心肉圆

将肉捶碎郁过，用冻猪油一小团作馅子，放在团内蒸之，则油流去，而团子空心矣。此法镇江人最善。

锅烧肉

煮熟不去皮，放麻油灼过，切块加盐，或蘸清酱亦可。

酱　肉

先微腌，用面酱酱之，或单用秋油拌郁，风干。

糟　肉

先微腌，再加米糟。

暴腌肉

微盐擦揉，三日内即用。以上三味，皆冬月菜也。春夏不宜。

尹文端公家风肉

杀猪一口，斩成八块，每块炒盐四钱，细细揉擦，使之无微不到。然后高挂有风无日处。偶有虫蚀，以香油涂之。夏日取用，先放水中泡一宵，再煮。水亦不可太多太少，以盖肉面为度。削片时，用快刀横切，不可顺肉丝而斩也。此物惟尹府至精，常以进贡。今徐州风肉不及，亦不知何故。

家乡肉

杭州家乡肉，好丑不同，有上、中、下三等。大概淡而能鲜、精肉可横咬者为上品。放久即是好火腿。

笋煨火肉❶

冬笋切方块，火肉切方块，同煨。火腿撤去盐水两遍，再入冰糖煨烂。席武山❷别驾云，凡火肉煮好后，若留作次日吃者，须留原汤，待次日将火肉投入汤中滚热才好。若干放离汤，则风燥而肉枯；用白水则又味淡。

烧小猪

小猪一个，六七斤重者，钳毛去秽，叉上炭火炙之。要四面齐到，以深黄色为度。皮上慢慢以奶酥油涂之，屡

❶ 火肉：指火腿肉。
❷ 席武山：席绍苌（1725—1783），字武山，号东周，吴县（今江苏苏州）人。曾任安徽广德州杭村司巡检、江南淮安府山阳县通判、山清里河晋同知等职。

涂屡炙。食时酥为上，脆次之，硬斯下矣。旗人有单用酒、秋油蒸者，亦惟吾家龙文弟颇得其法。

烧猪肉

凡烧猪肉，须耐性。先炙里面肉，使油膏走入皮内，则皮松脆而味不走。若先炙皮，则肉上之油尽落火上，皮既焦硬，味亦不佳。烧小猪亦然。

排　骨

取勒条排骨精肥各半者，抽去当中直骨，以葱代之，炙用醋、酱，频频刷上，不可太枯。

罗簑肉

以作鸡松法作之。存盖面之皮，将皮下精肉斩成碎团，加作料烹熟。聂厨能之。

端州❶三种肉

一罗簑肉。一锅烧白肉，不加作料，以芝麻、盐拌之。切片煨好，以清酱拌之。三种俱宜于家常。端州聂、李二厨所作，特令杨二学之。

---

❶ 端州：清代肇庆府的旧称。

杨公圆

杨明府 [1] 作肉圆，大如茶杯，细腻绝伦，汤尤鲜洁，入口如酥。大概去筋去节，斩之极细，肥瘦各半，用纤合匀。

黄芽菜煨火腿

用好火腿削下外皮，去油存肉。先用鸡汤将皮煨酥，再将肉煨酥。放黄芽菜心，连根切段，约二寸许长。加蜜、酒酿及水，连煨半日。上口甘鲜，肉、菜俱化，而菜根及菜心丝毫不散。汤亦美极。朝天宫道士法也。

蜜火腿

取好火腿，连皮切大方块，用蜜酒煨极烂，最佳。但火腿好丑、高低，判若天渊。虽出金华、兰溪、义乌三处，而有名无实者多。其不佳者，反不如腌肉矣。惟杭州忠清里王三房家四钱一斤者佳。余在尹文端公苏州公馆吃过一次，其香隔户便至，甘鲜异常。此后不能再遇此尤物矣。

---

❶ 杨明府：或为杨国霖，详见"羽族单"中"卤鸭"条。

杂牲单

牛、羊、鹿三牲，非南人家常时有之之物，然制法不可不知。作《杂牲单》。

牛　肉

买牛肉法，先下各铺定钱，凑取腿筋夹肉处，不精不肥。然后带回家中，剔去皮膜，用三分酒、二分水，清煨极烂，再加秋油收汤。此太牢独味，孤行者也，不可加别物配搭。

牛　舌

牛舌最佳。去皮、撕膜、切片，入肉中同煨。亦有冬腌风干者，隔年食之，极似好火腿。

羊　头

羊头毛要去净，如去不净，用火烧之。洗净切开，煮烂去骨。其口内老皮俱要去净。将眼睛切成二块，去黑皮，眼珠不用，切成碎丁。取老肥母鸡汤煮之，加香蕈，笋丁，甜酒四两，秋油一杯。如吃辣，用小胡椒十二颗、葱花十二段；如吃酸，用好米醋一杯。

羊　蹄

煨羊蹄照煨猪蹄法，分红、白二色。大抵用清酱者红，用盐者白。山药配之宜。

羊　羹

取熟羊肉斩小块如骰子大，鸡汤煨，加笋丁、香蕈丁、山药丁同煨。

羊肚羹

将羊肚洗净，煮烂切丝，用本汤煨之。加胡椒、醋俱可。北人炒法，南人不能如其脆。钱玙沙❶方伯家锅烧羊肉极佳，将求其法。

红煨羊肉

与红煨猪肉同。加刺眼、核桃，放入去羶，亦古法也。

炒羊肉丝

与炒猪肉丝同。可以用纤，愈细愈佳。葱丝拌之。

烧羊肉

羊肉切大块，重五七斤者，铁叉火上烧之。味果甘脆，

---

❶ 钱玙沙：钱琦，字相人，号玙沙，仁和（今杭州）人。清乾隆二年（1737）进士，曾任编修、福建布政使等官。

民国时期北京街头烤羊肉的场景（选自《亚细亚大观》）

宜惹宋仁宗夜半之思也 ❶。

全 羊

全羊法有七十二种，可吃者不过十八九种而已。此屠龙之技，家厨难学。一盘一碗，虽全是羊肉，而味各不同才好。

---

❶ "宜惹宋仁宗夜半之思"句：宋仁宗恭俭仁恕，曾夜里想吃烧羊肉，却怕宫中人因此浪费，故而放弃。事见《宋史·仁宗本纪》："宫中夜饥，思膳烧羊，戒勿宣索，恐膳夫自此戕贼物命，以备不时之须。"

鹿　肉

鹿肉不可轻得，得而制之，其嫩鲜在獐肉之上。烧食可，煨食亦可。

鹿筋二法

鹿筋难烂，须三日前先捶煮之，绞出臊水数遍，加肉汁汤煨之。再用鸡汁汤煨，加秋油、酒，微纤收汤，不搀他物，便成白色，用盘盛之。如兼用火腿、冬笋、香蕈同煨，便成红色，不收汤，以碗盛之。白色者加花椒细末。

獐　肉

制獐肉与制牛、鹿同。可以作脯。不如鹿肉之活，而细腻过之。

假牛乳

用鸡蛋清拌蜜酒酿，打掇入化，上锅蒸之。以嫩腻为主，火候迟便老，蛋清太多亦老。

鹿　尾

尹文端公品味，以鹿尾为第一。然南方人不能常得。从北京来者，又苦不鲜新。余尝得极大者，用菜叶包而蒸之，味果不同。其最佳处在尾上一道浆耳。

羽族单

鸡功最巨，诸菜赖之，如善人积阴德而人不知。故令领羽族之首，而以他禽附之。作《羽族单》。

白片鸡

肥鸡白片，自是太羹、玄酒之味。尤宜于下乡村、入旅店，烹饪不及之时，最为省便。煮时水不可多。

鸡　松

肥鸡一只，用两腿，去筋骨剁碎，不可伤皮。用鸡蛋清、粉纤、松子肉，同剁成块。如腿不敷用，添脯子肉，切成方块，用香油灼黄，起放钵头内，加百花酒半斤、秋油一大杯、鸡油一铁勺，加冬笋、香蕈、姜、葱等。将所余鸡骨皮盖面，加水一大碗，下蒸笼蒸透，临吃去之。

生炮鸡

小雏鸡斩小方块，秋油、酒拌。临吃时拿起，放滚油内灼之，起锅又灼，连灼三回。盛起，用醋、酒、粉纤、葱花喷之。

鸡　粥

肥母鸡一只，用刀将两脯肉去皮细刮，或用刨刀亦可。只可刮刨，不可斩，斩之便不腻矣。再用余鸡熬汤下之。吃时加细米粉、火腿屑、松子肉，共敲碎放汤内。起锅时放葱、姜，浇鸡油，或去渣，或存渣，俱可。宜于老人。大概斩碎者去渣，刮刨者不去渣。

焦　鸡

肥母鸡洗净，整下锅煮。用猪油四两、茴香四个，煮成八分熟。再拿香油灼黄，还下原汤熬浓，用秋油、酒、整葱收起。临上片碎，并将原卤浇之，或拌蘸亦可。此杨中丞家法也。方辅兄家亦好。

捶　鸡

将整鸡捶碎，秋油、酒煮之。南京高南昌太守家制之最精。

炒鸡片

用鸡脯肉去皮，斩成薄片。用豆粉、麻油、秋油拌之，纤粉调之，鸡蛋清拌。临下锅，加酱、瓜、姜、葱花末。须用极旺之火炒，一盘不过四两，火气才透。

蒸小鸡

用小嫩鸡雏，整放盘中，上加秋油、甜酒、香蕈、笋尖，饭锅上蒸之。

酱 鸡

生鸡一只，用清酱浸一昼夜而风干之。此三冬菜也。

鸡 丁

取鸡脯子，切骰子小块，入滚油炮炒之。用秋油、酒收起，加荸荠丁、笋丁、香蕈丁拌之。汤以黑色为佳。

鸡 圆

斩鸡脯子肉为圆，如酒杯大，鲜嫩如虾团。扬州臧八太爷家制之最精。法用猪油、萝卜、纤粉揉成，不可放馅。

蘑菇煨鸡

口蘑菇四两，开水泡去砂，用冷水漂，牙刷擦，再用清水漂四次，用菜油二两炮透，加酒喷。将鸡斩块放锅内，滚去沫，下甜酒、清酱煨八分功程，下蘑菇，再煨二分功程，加笋、葱、椒起锅，不用水，加冰糖三钱。

梨炒鸡

取雏鸡胸肉切片，先用猪油三两熬熟，炒三四次，加麻油一瓢，纤粉、盐花、姜汁、花椒末各一茶匙，再加雪梨薄片、香蕈小块，炒三四次起锅，盛五寸盘。

假野鸡卷

将脯子斩碎，用鸡子一个，调清酱郁之，将网油画碎，分包小包，油里炮透，再加清酱、酒、作料、香蕈、木耳起锅，加糖一撮。

黄芽菜炒鸡

将鸡切块，起油锅生炒透，酒滚二三十次，加秋油后滚二三十次，下水滚，将菜切块，俟鸡有七分熟，将菜下锅，再滚三分，加糖、葱、大料。其菜要另滚熟搀用。每一只用油四两。

栗子炒鸡

鸡斩块，用菜油二两炮，加酒一饭碗、秋油一小杯、水一饭碗，煨七分熟。先将栗子煮熟，同笋下之。再煨三分起锅，下糖一撮。

灼八块

嫩鸡一只，斩八块，滚油炮透，去油，加清酱一杯、酒半斤，煨熟便起，不用水，用武火。

珍珠团

熟鸡脯子切黄豆大块，清酱、酒拌匀，用干面滚满，入锅炒。炒用素油。

黄芪蒸鸡治瘵❶

取童鸡未曾生蛋者杀之，不见水，取出肚脏，塞黄芪一两，架箸放锅内蒸之，四面封口。熟时取出，卤浓而鲜，可疗弱症。

卤　鸡

囫囵鸡一只，肚内塞葱三十条、茴香二钱，用酒一斤、秋油一小杯半，先滚一枝香，加水一斤、脂油二两，一齐同煨。待鸡熟，取出脂油；水要用熟水，收浓卤一饭碗，才取起。或拆碎，或薄刀片之，仍以原卤拌食。

蒋　鸡

童子鸡一只，用盐四钱、酱油一匙、老酒半茶杯、姜三大片，放砂锅内，隔水蒸烂，去骨，不用水。蒋御史❷家法也。

---

❶ 瘵：多指肺结核病。

❷ 蒋御史：当为蒋和宁。和宁（1709—1786），字用安，号蓉凫、榕庵、耦渔等，江苏阳湖（今属常州市）人。乾隆十七年（1752）进士，官至湖广道监察御史。

唐　鸡

鸡一只，或二斤，或三斤。如用二斤者，用酒一饭碗、水三饭碗；用三斤者，酌添。先将鸡切块，用菜油二两，候滚熟，爆鸡要透。先用酒滚一二十滚，再下水约二三百滚，用秋油一酒杯，起锅时加白糖一钱。唐静涵❶家法也。

鸡　肝

用酒、醋喷炒，以嫩为贵。

鸡　血

取鸡血为条，加鸡汤、酱、醋、索粉作羹，宜于老人。

鸡　丝

拆鸡为丝，秋油、芥末、醋拌之。此杭州菜也。加笋加芹俱可。用笋丝、秋油、酒炒之亦可。拌者用熟鸡，炒者用生鸡。

糟　鸡

糟鸡法与糟肉同。

---

❶ 唐静涵：苏州富商，袁枚与之交往频繁，所谓"其人有豪气，能罗致都知录事，故尤狎就之"（《随园诗话》卷七）。

鸡 肾

取鸡肾三十个，煮微熟，去皮，用鸡汤加作料煨之，鲜嫩绝伦。

鸡 蛋

鸡蛋去壳放碗中，将竹箸打一千回蒸之，绝嫩。凡蛋一煮而老，一千煮而反嫩。加茶叶煮者，以两炷香为度。蛋一百，用盐一两；五十，用盐五钱。加酱煨亦可。其他则或煎或炒，俱可。斩碎黄雀蒸之，亦佳。

野鸡五法

野鸡披胸肉，清酱郁过，以网油包，放铁奁上烧之。作方片可，作卷子亦可。此一法也。切片加作料炒，一法也。取胸肉作丁，一法也。当家鸡整煨，一法也。先用油灼，拆丝，加酒、秋油、醋，同芹菜冷拌，一法也。生片其肉，入火锅中，登时便吃，亦一法也。其弊在肉嫩则味不入，味入则肉又老。

赤炖肉鸡

赤炖肉鸡，洗切净，每一斤用好酒十二两、盐二钱五分、冰糖四钱研，酌加桂皮，同入砂锅中，文炭火煨之。倘酒将干，鸡肉尚未烂，每斤酌加清开水一茶杯。

蘑菇煨鸡

鸡肉一斤，甜酒一斤，盐三钱，冰糖四钱，蘑菇用新鲜不霉者，文火煨两枝线香为度。不可用水。先煨鸡八分熟，再下蘑菇。

鸽　子

鸽子加好火腿同煨，甚佳。不用火肉，亦可。

鸽　蛋

煨鸽蛋，法与煨鸡肾同。或煎食亦可，加微醋亦可。

野　鸭

野鸭切厚片，秋油郁过，用两片雪梨夹住炮炒之。苏州包道台家制法最精，今失传矣。用蒸家鸭法蒸之，亦可。

蒸　鸭

生肥鸭去骨，内用糯米一酒杯，火腿丁、大头菜丁、香蕈、笋丁、秋油、酒、小磨麻油、葱花，俱灌鸭肚内，外用鸡汤放盘中，隔水蒸透。此真定魏太守家法也。

鸭糊涂

用肥鸭白煮八分熟，冷定去骨，拆成天然不方不圆之块，下原汤内煨，加盐三钱、酒半斤，捶碎山药同下锅作纤，临煨烂时，再加姜末、香蕈、葱花。如要浓汤，加放粉纤。以芋代山药亦妙。

卤　鸭

不用水，用酒煮鸭，去骨，加作料食之。高要令杨公❶家法也。

鸭　脯

用肥鸭斩大方块，用酒半斤、秋油一杯、笋、香蕈、葱花闷之，收卤起锅。

烧　鸭

用雏鸭，上叉烧之。冯观察家厨最精。

挂卤鸭

塞葱鸭腹，盖闷而烧。水西门❷许店最精。家中不能作。有黄、黑二色，黄色更妙。

---

❶ 杨公：杨国霖（1731—1794），顺天固安（今河北固安县）人。监生，乾隆四十一年及四十五年两任高要（今属广东省肇庆市）知县。

❷ 水西门：即南京明城墙十三座城门之一，原名三山门，因该门坐东向西，面临秦淮河，故名。

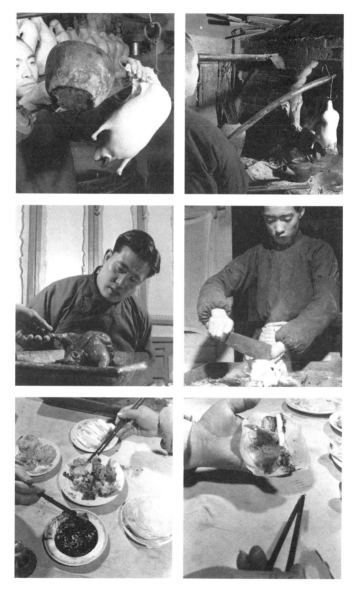

民国时期制作和食用烤鸭的步骤

干蒸鸭

杭州商人何星举家干蒸鸭。将肥鸭一只，洗净斩八块，加甜酒、秋油，淹满鸭面，放瓷罐中封好，置干锅中蒸之。用文炭火，不用水。临上时，其精肉皆烂如泥。以线香二枝为度。

野鸭团

细斩野鸭胸前肉，加猪油微纤，调揉成团。入鸡汤滚之，或用本鸭汤，亦佳。太兴❶孔亲家制之甚精。

徐　鸭

顶大鲜鸭一只，用百花酒十二两，青盐一两二钱，滚水一汤碗冲化，去渣沫。再兑冷水七饭碗、鲜姜四厚片，约重一两，同入大瓦盖钵内，将皮纸封固口，用大火笼烧透大炭吉三元（约二文一个）；外用套包一个，将火笼罩定，不可令其走气。约早点时炖起，至晚方好。速则恐其不透，味便不佳矣。其炭吉烧透后，不宜更换瓦钵，亦不宜预先开看。鸭破开时，将清水洗后，用洁净无浆布拭干入钵。

煨麻雀

取麻雀五十只，以清酱、甜酒煨之。熟后去爪脚，单取雀胸、头肉，连汤放盘中，甘鲜异常。其他鸟鹊，俱可

❶ 太兴：当即"泰兴"，今属江苏。

类推。但鲜者一时难得。薛生白❶常劝人勿食人间豢养之物，以野禽味鲜，且易消化。

煨鹌鹑、黄雀

鹌鹑用六合来者最佳。有现成制好者。黄雀用苏州糟，加蜜酒煨烂，下作料，与煨麻雀同。苏州沈观察❷煨黄雀并骨如泥，不知作何制法。炒鱼片亦精。其厨馔之精，合吴门推为第一。

云林鹅

《倪云林集》中载制鹅法。整鹅一只，洗净后用盐三钱擦其腹内，塞葱一帚填实其中，外将蜜拌酒通身满涂之，锅中一大碗酒、一大碗水蒸之，用竹箸架之，不使鹅身近水。灶内用山茅二束，缓缓烧尽为度。俟锅盖冷后，揭开锅盖，将鹅翻身，仍将锅盖封好蒸之。再用茅柴一束，烧尽为度，柴俟其自尽，不可挑拨。锅盖用绵纸糊封，逼燥裂缝，以水润之。起锅时，不但鹅烂如泥，汤亦鲜美。以此法制鸭，味美亦同。每茅柴一束，重一斤八两。擦盐时，串入葱、椒末子，以酒和匀。《云林集》中，载食品甚多，只此一法试之颇效，余俱附会。

---

❶ 薛生白：薛雪（1681—1770），字生白，号一瓢，又号扫叶山人，吴县（今属苏州）人。其人博学多才，能诗，善画兰，为吴中著名儒医。

❷ 观察：明清时期对道员的尊称。沈观察，未详其人。

烧　鹅

杭州烧鹅，为人所笑，以其生也。不如家厨自烧为妙。

水族有鳞单

鱼皆去鳞，惟鲥鱼不去。我道有鳞而鱼形始全。作《水族有鳞单》。

边　　鱼[1]

边鱼活者，加酒、秋油蒸之。玉色为度。一作呆白色，则肉老而味变矣。并须盖好，不可受锅盖上之水气。临起加香蕈、笋尖。或用酒煎亦佳。用酒不用水，号"假鲥鱼"。

鲫　　鱼

鲫鱼先要善买。择其扁身而带白色者，其肉嫩而松；熟后一提，肉即卸骨而下。黑脊浑身者，崛强槎桠，鱼中之喇子也，断不可食。照边鱼蒸法，最佳。其次煎吃，亦妙。拆肉下可以作羹。通州人能煨之骨尾俱酥，号"酥鱼"，利小儿食，然总不如蒸食之得真味也。六合龙池出者，愈大愈嫩，亦奇。蒸时用酒不用水，稍稍用糖以起其鲜。以鱼之小大，酌量秋油、酒之多寡。

---

[1] 边鱼：即鳊鱼。

白　鱼

　　白鱼肉最细。用糟鲥鱼同蒸之，最佳。或冬日微腌，加酒酿糟二日，亦佳。余在江中得网起活者，用酒蒸食，美不可言。糟之最佳，不可太久，久则肉木矣。

季　鱼

　　季鱼少骨，炒片最佳，炒者以片薄为贵。用秋油细郁后，用纤粉、蛋清搂 ❶ 之，入油锅炒，加作料。炒之油用素油。

土步鱼

　　杭州以土步鱼为上品，而金陵人贱之，目为虎头蛇，可发一笑。肉最松嫩，煎之、煮之、蒸之俱可。加腌芥作汤、作羹，尤鲜。

鱼　松

　　用青鱼、鲤鱼蒸熟，将肉拆下，放油锅中灼之黄色，加盐花、葱、椒、瓜、姜。冬日封瓶中，可以一月。

鱼　圆

　　用白鱼、青鱼活者破半，钉板上，用刀刮下肉，留刺在板上。将肉斩化，用豆粉、猪油拌，将手搅之。放微微盐水，不用清酱，加葱、姜汁作团。成后，放滚水中煮熟

---

　　❶ 搂：即"溜"，将佐料用浇淋、翻拌形式填入食材中。

撩起，冷水养之。临吃入鸡汤、紫菜滚。

鱼　片

取青鱼、季鱼片，秋油郁之，加纤粉、蛋清，起油锅炮炒，用小盘盛起，加葱、椒、瓜、姜。极多不过六两，太多则火气不透。

连鱼❶豆腐

用大连鱼煎熟，加豆腐，喷酱水、葱、酒滚之，俟汤色半红起锅，其头味尤美。此杭州菜也。用酱多少，须相鱼而行。

醋搂鱼

用活青鱼切大块，油灼之，加酱、醋、酒喷之，汤多为妙。俟熟，即速起锅。此物杭州西湖上五柳居最有名，而今则酱臭而鱼败矣，甚矣。宋嫂鱼羹，徒存虚名，《梦粱录》不足信也。鱼不可大，大则味不入；不可小，小则刺多。

银　鱼

银鱼起水时，名冰鲜。加鸡汤、火腿汤煨之。或炒食甚嫩。干者泡软，用酱水炒亦妙。

---

❶ 连鱼：即鲢鱼。

台鲞

台鲞好丑不一。出台州松门者为佳，肉软而鲜肥。生时拆之，便可当作小菜，不必煮食也。用鲜肉同煨，须肉烂时放鲞，否则鲞消化不见矣。冻之即为鲞冻，绍兴人法也。

糟鲞

冬日用大鲤鱼，腌而干之，入酒糟，置坛中，封口。夏日食之。不可烧酒作泡。用烧酒者，不无辣味。

虾子❶勒鲞❷

夏日选白净带子勒鲞，放水中一日，泡去盐味，太阳晒干。入锅油煎一面黄取起，以一面未黄者铺上虾子，放盘中，加白糖蒸之，以一炷香为度。三伏日食之，绝妙。

鱼脯

活青鱼去头尾，斩小方块，盐腌透，风干，入锅油煎，加作料收卤，再炒芝麻滚拌，起锅。苏州法也。

家常煎鱼

家常煎鱼，须要耐性。将鲤鱼洗净，切块盐腌，压扁，

---

❶ 虾子：即虾蛋。

❷ 勒鲞：即"鳓鲞"，腌制风干的鳓鱼。鳓鱼，俗称"鲜白"，状类鲥鱼，产于我国东海及南海，肉质鲜美而多刺。

入油中两面煤黄，多加酒、秋油，文火慢慢滚之。然后收汤作卤，使作料之味全入鱼中。第此法指鱼之不活者而言，如活者又以速起锅为妙。

黄姑鱼

岳州❶出小鱼，长二三寸，晒干寄来。加酒剥皮，放饭锅上蒸而食之，味最鲜，号"黄姑鱼"。

---

❶ 岳州：古代地名，即今湖南岳阳市。

水族无鳞单

鱼无鳞者，其腥加倍，须加意烹饪，以姜、桂胜之。作《水族无鳞单》。

汤　鳗

鳗鱼最忌出骨。因此物性本腥重，不可过于摆布，失其天真，犹鲥鱼之不可去鳞也。清煨者，以河鳗一条，洗去滑涎，斩寸为段，入瓷罐中，用酒水煨烂，下秋油起锅，加冬腌新芥菜作汤，重用葱、姜之类，以杀其腥。常熟顾比部❶家，用纤粉、山药干煨，亦妙。或加作料，直置盘中蒸之，不用水。家致华分司❷蒸鳗最佳。秋油、酒四六兑，务使汤浮于本身。起笼时，尤要恰好，迟则皮皱味失。

---

❶ 比部：明清时对刑部及其司官的习称。叶比部，其人不详，或为叶酉。酉（1693—1773），字书山，号花南，安徽桐城人。与袁枚同征博学鸿词科、同举戊午乡试、同登己未科进士、同人词馆。据王标《城市知识分子的社会形态》称，其曾官刑部侍郎。

❷ 分司：明清于盐运司下设分司，为管理盐务的官员。袁致华，未详其人。

红煨鳗

鳗鱼用酒、水煨烂，加甜酱代秋油，入锅收汤煨干，加茴香大料起锅。有三病宜戒者：一皮有皱纹，皮便不酥；一肉散碗中，箸夹不起；一早下盐豉，入口不化。扬州朱分司家制之最精。大抵红煨者以干为贵，使卤味收入鳗肉中。

炸　鳗

择鳗鱼大者，去首、尾，寸断之。先用麻油炸熟，取起。另将鲜蒿菜嫩尖入锅中，仍用原油炒透。即以鳗鱼平铺菜上，如作料煨一炷香。蒿菜分量，较鱼减半。

生炒甲鱼

将甲鱼去骨，用麻油炮炒之，加秋油一杯、鸡汁一杯。此真定魏太守❶家法也。

酱炒甲鱼

将甲鱼煮半熟，去骨，起油锅炮炒，加酱水、葱、椒，收汤成卤，然后起锅。此杭州法也。

---

❶ 魏太守：魏廷会（1689—？），直隶真定（今河北省正定县）人。乾隆六年（1741）考职州判，后辗转江浙等地为官。乾隆三十年（1765），升补池州府知府。太守，明清时期对知府的别称。

带骨甲鱼

要一个半斤重者，斩四块，加脂油三两，起油锅煎两面黄，加水、秋油、酒煨。先武火，后文火。至八分熟加蒜，起锅用葱、姜、糖。甲鱼宜小不宜大，俗号"童子脚鱼"才嫩。

青盐甲鱼

斩四块，起油锅炮透。每甲鱼一斤，用酒四两、大茴香三钱、盐一钱半，煨至半好，下脂油二两，切小豆块再煨，加蒜头、笋尖，起时用葱、椒，或用秋油，则不用盐。此苏州唐静涵家法。甲鱼大则老，小则腥，须买其中样者。

汤煨甲鱼

将甲鱼白煮，去骨拆碎，用鸡汤、秋油、酒煨汤，二碗收至一碗，起锅，用葱、椒、姜末糁之。吴竹屿❶家制之最佳。微用纤，才得汤腻。

全壳甲鱼

山东杨参将家制甲鱼，去首尾，取肉及裙，加作料煨好，仍以原壳覆之。每宴客，一客之前以小盘献一甲鱼。见者悚然，犹虑其动。惜未传其法。

---

❶ 吴竹屿：吴泰来（1722—1788），字企晋，号竹屿，长洲（今苏州）人。清乾隆二十五年（1760）进士，官内阁中书。

鳝丝羹

鳝鱼煮半熟，划丝去骨，加酒、秋油煨之，微用纤粉，用真金菜、冬瓜、长葱为羹。南京厨者辄制鳝为炭，殊不可解。

炒　鳝

拆鳝丝，炒之略焦，如炒肉鸡之法，不可用水。

段　鳝

切鳝，以寸为段，照煨鳗法煨之，或先用油炙使坚，再以冬瓜、鲜笋、香蕈作配，微用酱水，重用姜汁。

虾　圆

虾圆照鱼圆法。鸡汤煨之，干炒亦可。大概捶虾时不宜过细，恐失真味。鱼圆亦然。或竟剥虾肉以紫菜拌之，亦佳。

虾　饼

以虾捶烂，团而煎之，即为虾饼。

醉　虾

带壳用酒炙黄，捞起，加清酱、米醋煨之，用碗闷之。临食，放盘中，其壳俱酥。

炒　虾

炒虾照炒鱼法，可用韭配。或加冬腌芥菜，则不可用韭矣。有捶扁其尾单炒者，亦觉新异。

蟹

蟹宜独食，不宜搭配他物。最好以淡盐汤煮熟，自剥自食为妙。蒸者味虽全，而失之太淡。

蟹　羹

剥蟹为羹，即用原汤煨之，不加鸡汁，独用为妙。见俗厨从中加鸭舌，或鱼翅、或海参者，徒夺其味而惹其腥恶，劣极矣。

炒蟹粉

以现剥现炒之蟹为佳。过两个时辰，则肉干而味失。

剥壳蒸蟹

将蟹剥壳，取肉、取黄，仍置壳中，放五六只在生鸡蛋上蒸之。上桌时完然一蟹，惟去爪脚。比炒蟹粉觉有新色。杨兰坡明府以南瓜肉拌蟹，颇奇。

蛤　蜊

剥蛤蜊肉，加韭菜炒之佳。或为汤亦可。起迟便枯。

蚶

蚶有三吃法。用热水喷之，半熟去盖，加酒、秋油醉之。或用鸡汤滚熟，去盖入汤。或全去其盖作羹亦可。但宜速起，迟则肉枯。蚶出奉化县，品在蟶螯、蛤蜊之上。

蟶　螯

先将五花肉切片，用作料闷烂。将蟶螯洗净，麻油炒，仍将肉片连卤烹之。秋油要重些，方得有味。加豆腐亦可。蟶螯从扬州来，虑坏则取壳中肉，置猪油中，可以远行。有晒为干者，亦佳。入鸡汤烹之，味在蛏干之上。捶烂蟶螯作饼，如虾饼样，煎吃加作料，亦佳。

程泽弓❶蛏干

程泽弓商人家制蛏干，用冷水泡一日，滚水煮两日，撤汤五次。一寸之干，发开有二寸，如鲜蛏一般，才入鸡汤煨之。扬州人学之，俱不能及。

鲜　蛏

烹蛏法与蟶螯同。单炒亦可。何春巢家蛏汤豆腐之妙，竟成绝品。

---

❶ 程泽弓：程振箕，字泽弓，歙县（今属黄山市）人。两淮盐业巨商，富而乐善好施。

水　鸡

水鸡去身用腿，先用油灼之，加秋油、甜酒、瓜、姜起锅。或拆肉炒之，味与鸡相似。

熏　蛋

将鸡蛋加作料煨好，微微熏干，切片放盘中，可以佐膳。

茶叶蛋

鸡蛋百个，用盐一两、粗茶叶煮，两枝线香为度。如蛋五十个，只用五钱盐，照数加减。可作点心。

杂素菜单

菜有荤素，犹衣有表里也。富贵之人嗜素甚于嗜荤。作《素菜单》。

蒋侍郎豆腐

豆腐两面去皮，每块切成十六片，晾干。用猪油熬，清烟起才下豆腐，略洒盐花一撮。翻身后，用好甜酒一茶杯、大虾米一百二十个；如无大虾米，用小虾米三百个。先将虾米滚泡一个时辰，秋油一小杯，再滚一回，加糖一撮，再滚一回。用细葱半寸许长，一百二十段，缓缓起锅。

杨中丞豆腐

用嫩腐煮去豆气，入鸡汤，同鳆鱼片滚数刻，加糟油、香蕈起锅。鸡汁须浓，鱼片要薄。

张恺豆腐

将虾米捣碎，入豆腐中，起油锅，加作料干炒。

庆元豆腐

酱豆豉一茶杯，水泡烂，入豆腐同炒起锅。

芙蓉豆腐

用腐脑放井水泡三次，去豆气，入鸡汤中滚，起锅时加紫菜、虾肉。

王太守八宝豆腐

用嫩片切粉碎，加香蕈屑、蘑菇屑、松子仁屑、瓜子仁屑、鸡屑、火腿屑，同入浓鸡汁中，炒滚起锅。用腐脑亦可。用瓢不用箸。孟亭太守❶云："此圣祖赐徐健庵❷尚书方也。尚书取方时，御膳房费一千两。"太守之祖楼村❸先生为尚书门生，故得之。

---

❶　孟亭太守：王箴舆，字敬猗，号孟亭，宝应（今属扬州市）人。康熙五十一年（1712）进士，官至河南陈州知州，迁卫辉府知府。

❷　徐健庵：徐乾学（1631—1694），字原一、幼慧，号健庵、玉峰先生，江南长洲（今属苏州）人。康熙九年（1670）进士第三名，授编修，先后任日讲起居注官、《明史》总裁官、侍讲学士、内阁学士。康熙二十六年（1687），升左都御史、刑部尚书。

❸　楼村：王式丹（1645—1718），字方若，号楼村，宝应（今属扬州市）人。清康熙四十二年（1703）赐进士第一人，官翰林院修撰。

程立万豆腐

乾隆廿三年，同金寿门❶在扬州程立万家食煎豆腐，精绝无双。其腐两面黄干，无丝毫卤汁，微有蝴螯鲜味，然盘中并无蝴螯及他杂物也。次日告查宣门❷，查曰："我能之，我当特请。"已而，同杭堇莆❸同食于查家，则上箸大笑，乃纯是鸡雀脑为之，并非真豆腐，肥腻难耐矣。其费十倍于程，而味远不及也。惜其时余以妹丧急归，不及向程求方，程逾年亡，至今悔之。仍存其名，以俟再访。

冻豆腐

将豆腐冻一夜，切方块，滚去豆味，加鸡汤汁、火腿汁、肉汁煨之。上桌时，撤去鸡、火腿之类，单留香蕈、冬笋。豆腐煨久则松，面起蜂窝，如冻腐矣。故炒腐宜嫩，煨者宜老。家致华分司用蘑菇煮豆腐，虽夏月亦照冻腐之法，甚佳。切不可加荤汤，致失清味。

---

❶　金寿门：金农（1687—1763），字寿门、吉金，号冬心先生、稽留山民、曲江外史、昔耶居士等，钱塘（今浙江杭州）人。布衣，好游历学问，工诗文鉴识，居扬州卖书画自给。

❷　查宣门：查开，字宣门，号香雨，浙江海宁（今属嘉兴市）人。由诸生官河南中牟县丞，擢武陟知县。归乡后，颇善于理财治生，旋成巨富。

❸　杭堇莆：杭世骏（1695—1773），字大宗，号堇浦，钱塘（今浙江杭州）人。乾隆元年（1736）举博学鸿词科，授翰林院编修，官御史。性亢直，以直言获罪罢归，晚年主讲扬州、粤东书院。

虾油豆腐

取陈虾油代清酱，炒豆腐，须两面熯黄，油锅要热，用猪油、葱、椒。

蓬蒿菜

取蒿尖，用油灼瘪，放鸡汤中滚之，起时加松菌百枚。

蕨　菜

用蕨菜不可爱惜，须尽去其枝叶，单取直根，洗净煨烂，再用鸡肉汤煨。必买矮弱者才肥。

葛仙米

将米细检淘净，煮半烂，用鸡汤、火腿汤煨。临上时，要只见米，不见鸡肉、火腿搀和才佳。此物陶方伯❶家制之最精。

羊肚菜

羊肚菜出湖北。食法与葛仙米同。

---

❶ 陶方伯：当即陶易。易（1714—1778），字经初，号悔轩，威海卫（现山东省威海市）人。清乾隆九年(1744)举人，官终江苏布政使。乾隆以办理徐述夔案不力，将其下狱拟斩，病逝狱中。因其为山东人，故"点心单"载其夫人所做十景点心所用食材及做法均有鲁地特色。

石　发

制法与葛仙米同。夏日用麻油、醋、秋油拌之，亦佳。

珍珠菜

制法与蕨菜同。上江新安所出。

素烧鹅

煮烂山药，切寸为段，腐皮包，入油煎之，加秋油、酒、糖、瓜、姜，以色红为度。

韭

韭，荤物也。专取韭白，加虾米炒之，便佳。或用鲜虾亦可，蚬亦可，肉亦可。

芹

芹，素物也，愈肥愈妙。取白根炒之，加笋，以熟为度。今人有以炒肉者，清浊不伦。不熟者，虽脆无味。或生拌野鸡，又当别论。

豆　芽

豆芽柔脆，余颇爱之。炒须熟烂，作料之味才能融洽。可配燕窝，以柔配柔，以白配白故也。然以极贱而陪极贵，人多嗤之。不知惟巢、由❶正可陪尧、舜耳。

茭 白❷

茭白炒肉、炒鸡俱可。切整段，酱、醋炙之，尤佳。煨肉亦佳。须切片，以寸为度，初出太细者无味。

青 菜

青菜择嫩者，笋炒之。夏日芥末拌，加微醋，可以醒胃。加火腿片，可以作汤。亦须现拔者才软。

台 菜❸

炒台菜心最懦，剥去外皮，入蘑菇、新笋作汤。炒食，加虾肉，亦佳。

白 菜

白菜炒食，或笋煨亦可。火腿片煨、鸡汤煨俱可。

黄芽菜

此菜以北方来者为佳。或用醋搂，或加虾米煨之，一熟便吃，迟则色、味俱变。

---

❶ 巢、由：巢父和许由，相传皆为尧时隐士。

❷ "白"原缺，据下文补。

❸ 台菜：即薹菜。

瓢儿菜

炒瓢菜心，以干鲜无汤为贵。雪压后更软。王孟亭太守家制之最精。不加别物，宜用荤油。

波　菜

波菜肥嫩，加酱水、豆腐煮之，杭人名"金镶白玉板"是也。如此种菜虽瘦而肥，可不必再加笋尖、香蕈。

蘑　菇

蘑菇不止作汤，炒食亦佳。但口蘑最易藏沙，更易受霉，须藏之得法，制之得宜。鸡腿蘑❶便易收拾，亦复讨好。

松　菌❷

松菌加口蘑炒最佳，或单用秋油泡食亦妙，惟不便久留耳。置各菜中，俱能助鲜。可入燕窝作底垫，以其嫩也。

面筋二法

一法面筋入油锅炙枯，再用鸡汤、蘑菇清煨。一法不炙，

---

❶ 鸡腿蘑：又名鸡腿菇、毛头鬼伞，因菌柄粗壮色白，呈鸡腿状，故名。肉质细嫩，营养丰富，广为食用。
❷ 乾隆本校本"菌"作"蕈"。

用水泡，切条，入浓鸡汁炒之，加冬笋、天花。章淮树 ❶ 观察家制之最精。上盘时宜毛撕，不宜光切。加虾米泡汁，甜酱炒之，甚佳。

茄二法

吴小谷广文家，将整茄子削皮，滚水泡去苦汁，猪油炙之。炙时须待泡水干后，用甜酱水干煨，甚佳。卢八太爷家，切茄作小块，不去皮，入油灼微黄，加秋油炮炒，亦佳。是二法者，俱学之而未尽其妙，惟蒸烂划开，用麻油、米醋拌，则夏间亦颇可食。或煨干作脯，置盘中。

苋 羹

苋须细摘嫩尖，干炒，加虾米或虾仁，更佳。不可见汤。

芋 羹

芋性柔腻，入荤入素俱可。或切碎作鸭羹，或煨肉，或同豆腐加酱水煨。徐兆璜明府家选小芋子，入嫩鸡煨汤，妙极，惜其制法未传。大抵只用作料，不用水。

豆腐皮

将腐皮泡软，加秋油、醋、虾米拌之，宜于夏日。蒋

---

❶ 章淮树：章攀桂（1737—？），字国华，号淮树、槐墅，安徽桐城人。乾隆中，援例捐知县，派往甘肃，历任渭源、武威等县，官至苏松太兵备道。有吏才，多艺术，尤精形家言。

侍郎家入海参用，颇妙。加紫菜、虾肉作汤，亦相宜。或用蘑菇、笋煨清汤，亦佳。以烂为度。芜湖敬修和尚将腐皮卷筒切段，油中微炙，入蘑菇煨烂，极佳。不可加鸡汤。

扁　豆

取现采扁豆，用肉汤炒之，去肉存豆。单炒者油重为佳，以肥软为贵。毛糙而瘦薄者，瘠土所生，不可食。

瓠子、王瓜

将鳢鱼切片先炒，加瓠子，同酱汁煨。王瓜亦然。

煨木耳、香蕈

扬州定慧庵僧，能将木耳煨二分厚，香蕈煨三分厚。先取蘑菇熬汁为卤。

冬　瓜

冬瓜之用最多，拌燕窝、鱼肉、鳗、鳝、火腿皆可。扬州定慧庵所制尤佳，红如血珀，不用荤汤。

煨鲜菱

煨鲜菱，以鸡汤滚之。上时将汤撤去一半。池中现起者才鲜，浮水面者才嫩。加新栗、白果❶煨烂，尤佳。或用糖，

---

❶ 白果：银杏果实之核，因色白而得名。

亦可。作点心，亦可。

缸 豆

缸豆炒肉，临上时，去肉存豆。以极嫩者，抽去其筋。

煨三笋

将天目笋、冬笋、问政笋，煨入鸡汤，号"三笋羹"。

芋煨白菜

芋煨极烂，入白菜心，烹之，加酱水调和，家常菜之最佳者。惟白菜须新摘肥嫩者，色青则老，摘久则枯。

香珠豆

毛豆至八九月间晚收者最阔大而嫩，号"香珠豆"。煮熟，以秋油、酒泡之。出壳可，带壳亦可，香软可爱。寻常之豆，不可食也。

马 兰

马兰头菜，摘取嫩者，醋合笋拌食。油腻后食之，可以醒脾。

杨花菜

南京三月有杨花菜，柔脆与波菜相似，名甚雅。

问政笋丝

问政笋，即杭州笋也。徽州人送者，多是淡笋干，只好泡烂切丝，用鸡肉汤煨用。龚司马取秋油煮笋，烘干上桌，徽人食之，惊为异味，余笑其如梦之方醒也。

炒鸡腿蘑菇

芜湖大庵和尚，洗净鸡腿蘑菇，去沙，加秋油、酒炒熟，盛盘宴客，甚佳。

猪油煮萝卜

用熟猪油炒萝卜，加虾米煨之，以极熟为度。临起加葱花，色如琥珀。

小菜单

小菜佐食，如府史胥徒佐六官也。醒脾解浊，全在于斯。作《小菜单》。

笋 脯

笋脯出处最多，以家园所烘为第一。取鲜笋，加盐煮熟，上篮烘之。须昼夜环看，稍火不旺则溲矣。用清酱者，色微黑。春笋、冬笋皆可为之。

天目笋

天目笋多在苏州发卖。其篓中盖面者最佳，下二寸便搀入老根硬节矣。须出重价，专买其盖面者数十条，如集狐腋之义。

玉兰片

以冬笋烘片，微加蜜焉。苏州孙春杨家有盐、甜二种，以盐者为佳。

素火腿

处州 ❶ 笋脯，号"素火腿"，即处片也。久之太硬，不如买毛笋自烘之为妙。

宣城笋脯

宣城笋尖，色黑而肥，与天目笋大同小异，极佳。

人参笋

制细笋如人参形，微加蜜水。扬州人重之，故价颇贵。

笋　油

笋十斤，蒸一日一夜，穿通其节，铺板上，如作豆腐法，上加一板压而榨之，使汁水流出，加炒盐一两，便是笋油。其笋晒干仍可作脯。天台僧制以送人。

糟　油

糟油出太仓州 ❷，愈陈愈佳。

虾　油

买虾子数斤，同秋油入锅熬之，起锅用布沥出秋油，仍将布包虾子，同放罐中盛油。

---

❶ 处州：浙江省丽水市的古称。
❷ 太仓州：明清时期江苏太仓地区的行政区名称。

喇虎酱

秦椒❶捣烂，和甜酱蒸之，可用虾米搀入。

熏鱼子

熏鱼子色如琥珀，以油重为贵。出苏州孙春杨家，愈新愈妙，陈则味变而油枯。

腌冬菜、黄芽菜

腌冬菜，黄芽菜，淡则味鲜，咸则味恶。然欲久放，则非盐不可。常腌一大坛，三伏时开之，上半截虽臭烂，而下半截香美异常，色白如玉。甚矣，相士之不可但观皮毛也。

莴　苣

食莴苣有二法：新酱者，松脆可爱。或腌之为脯，切片食，甚鲜。然以淡为贵，咸则味恶矣。

香干菜

春芥心风干，取梗淡腌，晒干，加酒、加糖、加秋油，拌后再加，蒸之，风干入瓶。

---

❶　秦椒：即花椒。《本草纲目》载："始产于秦，今处处可种，最易蕃衍。其叶对生，尖而有刺。四月生细花。五月结实，生青熟红，大于蜀椒，其目亦不及蜀椒目光黑也。"

李苦禅《秋味图》

冬　芥

冬芥名雪里红。一法整腌，以淡为佳。一法取心风干，斩碎，腌入瓶中，熟后杂鱼羹中，极鲜。或用醋煨，入锅中作辣菜，亦可。煮鳗、煮鲫鱼最佳。

春　芥

取芥心风干、斩碎，腌熟入瓶，号称"挪菜"。

芥　头

芥根切片，入菜同腌，食之甚脆。或整腌，晒干作脯，食之尤妙。

芝麻菜

腌芥晒干，斩之碎极，蒸而食之，号"芝麻菜"。老人所宜。

腐干丝

将好腐干切丝极细，以虾子、秋油拌之。

风瘪菜

将冬菜取心风干，腌后榨出卤，小瓶装之，泥封其口，倒放灰上。夏食之，其色黄，其嗅香。

糟 菜

取腌过风瘪菜，以菜叶包之，每一小包，铺一面香糟，重叠放坛内。取食时，开包食之，糟不沾菜，而菜得糟味。

酸 菜

冬菜心风干微腌，加糖、醋、芥末，带卤入罐中，微加秋油亦可。席间醉饱之余，食之醒脾解酒。

台菜心

取春日台菜心腌之，榨出其卤，装小瓶之中，夏日食之。风干其花，即名菜花头，可以烹肉。

大头菜

大头菜出南京承恩寺，愈陈愈佳。入荤菜中，最能发鲜。

萝 卜

萝卜取肥大者，酱一二日即吃，甜脆可爱。有侯尼能制为鲞，煎片如蝴蝶，长至丈许，连翩不断，亦一奇也。承恩寺有卖者，用醋为之，以陈为妙。

乳 腐

乳腐，以苏州温将军庙前者为佳，黑色而味鲜。有干、湿二种，有虾子腐亦鲜，微嫌腥耳。广西白乳腐最佳。王库官❶家制亦妙。

酱炒三果

核桃、杏仁去皮，榛子不必去皮。先用油炮脆，再下酱，不可太焦。酱之多少，亦须相物而行。

酱石花

将石花洗净入酱中，临吃时再洗。一名麒麟菜。

石花糕

将石花熬烂作膏，仍用刀画开，色如蜜蜡。

小松菌❷

将清酱同松菌入锅滚熟，收起，加麻油入罐中。可食二日，久则味变。

吐蚨

吐蚨出兴化、泰兴。有生成极嫩者，用酒酿浸之，加糖则自吐其油，名为泥螺，以无泥为佳。

海蜇

用嫩海蜇，甜酒浸之，颇有风味。其光者名为白皮，作丝，

---

❶ 库官：掌管仓库官员之统称。
❷ 乾隆本校本"菌"作"蕈"。

酒、醋同拌。

虾子鱼

子鱼出苏州。小鱼生而有子，生时烹食之，较美于鲞。

酱　姜

生姜取嫩者微腌，先用粗酱套之❶，再用细酱套之，凡三套而始成。古法用蝉退❷一个入酱，则姜久而不老。

酱　瓜

将瓜腌后，风干入酱，如酱姜之法。不难其甜，而难其脆。杭州施鲁箴家制之最佳，据云酱后晒干又酱，故皮薄而皱，上口脆。

新蚕豆

新蚕豆之嫩者，以腌芥菜炒之甚妙。随采随食方佳。

腌　蛋

腌蛋以高邮为佳，颜色红而油多。高文端❸公最喜食之。席间先夹取以敬客。放盘中，总宜切开带壳，黄白兼用。

---

❶ 套之：将食材装布袋中，放入酱水中浸渍。

❷ 蝉退：即蝉蜕，蝉幼虫的壳。

❸ 高文端：高晋（1707—1779），字昭德，高佳氏，满洲镶黄旗人。初授山东泗水知县，累迁至两江总督、文华殿大学士。

不可存黄去白，使味不全，油亦走散。

混　套

将鸡蛋外壳微敲一小洞，将清黄倒出，去黄用清，加浓鸡卤煨就者拌入，用箸打良久，使之融化，仍装入蛋壳中，上用纸封好，饭锅蒸熟，剥去外壳，仍浑然一鸡卵，此味极鲜。

茭瓜脯

茭瓜入酱，取起风干，切片成脯，与笋脯相似。

牛首腐干

豆腐干以牛首僧制者为佳。但山下卖此物者有七家，惟晓堂和尚家所制方妙。

酱王瓜

王瓜初生时，择细者腌之入酱，脆而鲜。

点心单

梁昭明以点心为小食❶，郑傪嫂劝叔且点心❷，由来旧矣。作《点心单》。

鳗　面

大鳗一条蒸烂，拆肉去骨，和入面中，入鸡汤清揉之，擀成面皮，小刀划成细条，入鸡汁、火腿汁、蘑菇汁滚。

温　面

将细面下汤沥干，放碗中，用鸡肉、香蕈浓卤，临吃，各自取瓢加上。

---

❶　"梁昭明"句：指南朝梁昭明太子萧统吃点心之事。《梁书·昭明太子传》云："普通中，大军北讨，京师谷贵，太子因命菲衣减膳，改常馔为小食。"

❷　"郑傪嫂"句：指唐代郑傪咨啬，其妻招待弟弟喝粥事。南唐刘崇远《金华子杂编》载："家人备夫人晨馔于侧，姊顾其弟曰：'我未及餐，尔可且点心。'止于水饭数匙。复备夫人点心，傪诟曰：'适已给了，何复又请！'"

鳝　面

熬鳝成卤，加面再滚。此杭州法。

裙带面

以小刀截面成条，微宽，则号"裙带面"。大概作面总以汤多为佳，在碗中望不见面为妙。宁使食毕再加，以便引人入胜。此法扬州盛行，恰甚有道理。

素　面

先一日将蘑菇蓬熬汁，定清。次日将笋熬汁，加面滚上。此法扬州定慧庵僧人制之极精，不肯传人。然其大概亦可仿求。其汤纯黑色的或，云暗用虾汁、蘑菇原汁。只宜澄去泥沙，不可换水；一换水，则原味薄矣。

蓑衣饼

干面用冷水调，不可多，揉擀薄后，卷拢再擀薄了，用猪油、白糖铺匀，再卷拢擀成薄饼，用猪油煠黄。如要盐的，用葱、椒、盐亦可。

虾　饼

生虾肉，葱、盐、花椒、甜酒脚少许，加水和面，香油灼透。

薄　饼

山东孔藩台[1]家制薄饼，薄若蝉翼，大若茶盘，柔腻绝伦。家人如其法为之，卒不能及，不知何故。秦人制小锡罐，装饼三十张。每客一罐。饼小如柑。罐有盖，可以贮馅。用炒肉丝，其细如发；葱亦如之。猪羊并用，号曰"西饼"。

松　饼

南京莲花桥教门方店最精。

面老鼠

以热水和面，俟鸡汁滚时，以箸夹入，不分大小，加活菜心，别有风味。

颠不棱即肉饺也

糊面摊开，裹肉为馅蒸之。其讨好处全在作馅得法，不过肉嫩去筋，加作料而已。余到广东，吃官镇台颠不

---

[1] 孔藩台：或为孔传炯。传炯，字曜南，号南溪，山东汶上（今属济宁市）人。与袁枚同为乾隆四年(1739)进士，初任直隶怀安知县、顺天大兴县知县等职，后任江苏督粮巡道、江苏按察使署苏州布政使，授福州布政使。藩台，明清时为布政使的别称。

棱 **❶**，甚佳。中用肉皮煨膏为馅，故觉软美。

肉馄饨

作馄饨与饺同。

韭　合

韭菜切末，加作料，面皮包之，入油灼之。面内加酥，更妙。

面　衣

糖水溲面，起油锅令热，用箸夹入。其作成饼形者，号"软锅饼"。杭州法也。

烧　饼

用松子、核桃仁敲碎，加冰糖屑、脂油，和面炙之，以两面黄为度，而加芝麻。扣儿会做，面罗至四五次，则白如雪矣。须用两面锅，上下放火，得奶酥更佳。

---

❶　吃官镇台颠不棱：即袁枚在当时广东总兵官福府中吃到肉饺。据杨玉君《双面饺子——从颠不棱谈起》考证，官镇台指当时调任广东的总兵官福（镇台是旧时对总兵的敬称）。"颠不棱"则是英文dumpling的音译。

千层馒头

杨参戎 ❶ 家制馒头，其白如雪，揭之如有千层。金陵人不能也。其法扬州得半，常州、无锡亦得其半。

面　茶

熬粗茶汁，炒面兑入，加芝麻酱亦可，加牛乳亦可，微加一撮盐。无乳则加奶酥、奶皮亦可。

杏　酪 ❷

捶杏仁作浆，挍去渣，拌米粉，加糖熬之。

粉　衣

如作面衣之法。加糖、加盐俱可，取其便也。

竹叶粽

取竹叶，裹白糯米煮之，尖小如初生菱角。

萝卜汤圆

萝卜刨丝滚熟，去臭气。微干，加葱、酱拌之，放粉

---

❶ 参戎：即参将别称。
❷ "杏"原缺，据乾隆本校本补。

民国时期儿童购买和食用粽子的场景（选自"华北交通写真"数据库）

团中作馅，再用麻油灼之。汤滚亦可。春圃方伯 ❶ 家制萝卜饼，叩儿学会，可照此法作韭菜饼、野鸡饼试之。

水粉汤圆

用水粉和作汤圆，滑腻异常，中用松仁、核桃、猪油、糖作馅，或嫩肉去筋丝捶烂，加葱末、秋油作馅。亦可作水粉法，以糯米浸水中一日夜，带水磨之，用布盛接，布下加灰，以去其渣，取细粉晒干用。

脂油糕

用纯糯粉拌脂油，放盘中蒸熟，加冰糖捶碎，入粉中蒸好，用刀切开。

雪花糕

蒸糯饭捣烂，用芝麻屑加糖为馅，打成一饼，再切方块。

软香糕

软香糕，以苏州都林桥 ❷ 为第一。其次虎丘糕，西施家为第二。南京南门外报恩寺则第三矣。

---

❶ 春圃方伯：袁鉴，字澍甘，号春圃，浙江钱塘（今杭州）人。乾隆二十二年(1757)进士，散馆授编修。曾任江苏按察使，后改山西按察使。

❷ 都林桥：又名"都亭桥"，原址在今苏州城内。因春秋时期吴王寿梦在阊门内建都亭桥，专门招徕四方贤士，故名。

北关夜市（选自《海内奇观》）

百果糕

杭州北关 ❶ 外卖者最佳。以粉糯多松仁、核桃而不放橙丁者为妙。其甜处非蜜非糖，可暂可久。家中不能得其法。

栗　糕

煮栗极烂，以纯糯粉加糖为糕蒸之，上加瓜仁、松子。此重阳小食也。

青糕青团

捣青草为汁，和粉作糕团，色如碧玉。

合欢饼

蒸糯为饭，以木印印之，如小珙璧状，入铁架熯之，微用油，方不粘架。

鸡豆糕

研碎鸡豆，用微粉为糕，放盘中蒸之。临食，用小刀片开。

鸡豆粥

磨碎鸡豆为粥，鲜者最佳，陈者亦可。加山药、茯苓尤妙。

---

❶ 北关：又作"北新关"，因设于北新桥，据桥为关，故称。旧址在今浙江省杭州市城北大关桥一带。

金　团

杭州金团，凿木为桃、杏、元宝之状，和粉搦成，入木印中便成。其馅不拘荤素。

藕粉、百合粉

藕粉非自磨者，信之不真。百合粉亦然。

麻　团

蒸糯米捣烂为团，用芝麻屑拌糖作馅。

芋粉团

磨芋粉晒干，和米粉用之。朝天宫道士制芋粉团，野鸡馅，极佳。

熟　藕

藕须贯米 ❶ 加糖自煮，并汤极佳。外卖者多用灰水，味变，不可食也。余性爱食嫩藕，虽软熟而以齿决，故味在也。如老藕一煮成泥，便无味矣。

新栗、新菱

新出之栗，烂煮之，有松子仁香。厨人不肯煨烂，故金陵人有终身不知其味者。新菱亦然。金陵人待其老方食

---

❶ 贯米：即灌米，将米灌入藕孔中。

故也。

莲　子

建莲[1]虽贵，不如湖莲[2]之易煮也。大概小熟，抽心去皮后下汤，用文火煨之，闷住合盖，不可开视，不可停火。如此两炷香，则莲子熟时，不生骨矣。

芋

十月天晴时，取芋子、芋头，晒之极干，放草中，勿使冻伤。春间煮食，有自然之甘。俗人不知。

萧美人点心

仪真[3]南门外，萧美人善制点心，凡馒头、糕、饺之类，小巧可爱，洁白如雪。

刘方伯月饼

用山东飞面，作酥为皮，中用松仁、核桃仁、瓜子仁为细末，微加冰糖和猪油作馅，食之不觉甚甜，而香松柔腻，迥异寻常。

---

[1] 建莲：福建所产莲子。
[2] 湖莲：江苏、浙江所产莲子。
[3] 仪真：即仪征市，隶属江苏省扬州市。

陶方伯十景点心

每至年节,陶方伯夫人手制点心十种,皆山东飞面所为。奇形诡状,五色纷披。食之皆甘,令人应接不暇。萨制军❶云:"吃孔方伯薄饼,而天下之薄饼可废;吃陶方伯十景点心,而天下之点心可废。"自陶方伯亡,而此点心亦成《广陵散》矣,呜呼!

杨中丞西洋饼

用鸡蛋清和飞面作稠水,放碗中。打铜夹剪一把,头上作饼形,如蝶大,上下两面,铜合缝处不到一分。生烈火烘铜夹,撩稠水,一糊一夹一熯,顷刻成饼。白如雪,明如绵纸,微加冰糖、松仁屑子。

白云片

南殊锅巴❷,薄如绵纸,以油炙之,微加白糖,上口极脆。金陵人制之最精,号"白云片"。

风枵

以白粉浸透,制小片入猪油灼之,起锅时加糖糁之,色白如霜,上口而化。杭人号曰"风枵"。

---

❶ 萨制军:萨载(?—1786),伊尔根觉罗氏,满洲正黄旗人。初为翻译举人,累擢江南河道总督,官至两江总督。制军,即总督之别称。

❷ "南殊",乾隆本校本作"白米"。

三层玉带糕

以纯糯粉作糕，分作三层，一层粉，一层猪油、白糖，夹好蒸之，蒸熟切开。苏州人法也。

运司糕

卢雅雨❶作运司，年已老矣。扬州店中作糕献之，大加称赏，从此遂有"运司糕"之名。色白如雪，点胭脂，红如桃花。微糖作馅，淡而弥旨。以运司衙门前店作为佳，他店粉粗色劣。

沙　糕

糯粉蒸糕，中夹芝麻、糖屑。

小馒头、小馄饨

作馒头如核桃大，就蒸笼食之。每箸可夹一双。扬州物也。扬州发酵最佳，手捺之不盈半寸，放松仍隆然而高。小馄饨小如龙眼，用鸡汤下之。

雪蒸糕法

每磨细粉，用糯米二分，粳米八分为则，一拌粉，将

❶ 卢雅雨：卢见曾（1690—1768），字抱孙，号雅雨山人，山东德州人。康熙六十年（1721）进士，转官四川、安徽等地。乾隆元年（1736）及乾隆十八年（1753），两度出任为两淮盐运使。此处所提到"年已老矣"，当系第二次任两淮盐运使事。

粉置盘中，用凉水细细洒之，以捏则如团、撒则如砂为度。将粗麻筛筛出，其剩下块搓碎，仍于筛上尽出之，前后和匀，使干湿不偏枯，以巾覆之，勿令风干日燥，听用。一锡圈及锡钱俱宜洗剔极净，临时略将香油和水，布蘸拭之。每一蒸后，必一洗一拭。一锡圈内，将锡钱置妥，先松装粉一小半，将果馅轻置当中，后将粉松装满圈，轻轻撼平 ❶，套汤瓶上盖之，视盖口气直冲为度。取出覆之，先去圈，后去钱，饰以胭脂。两圈更递为用。一汤瓶宜洗净，置汤分寸以及肩为度。然多滚则汤易涸，宜留心看视，备热水频添。

作酥饼法

冷定脂油一碗，开水一碗，先将油同水搅匀，入生面尽揉，要软如擀饼一样，外用蒸熟面，入脂油，合作一处，不要硬了。然后将生面做团子，如核桃大，将熟面亦作团子，略小一晕 ❷，再将熟面团子包在生面团子中，擀成长饼，长可八寸，宽二三寸许，然后折叠如碗样，包上穰子 ❸。

---

❶ 撼平：犹推平、扫平。
❷ 略小一晕：略小一圈。"晕"读去声，本指日月周围的光圈，此引申为一圈。
❸ 穰子：即"瓤子"，指馅料。

天然饼

泾阳张荷塘❶明府家制天然饼，用上白飞面，加微糖及脂油为酥，随意搦❷成饼样，如碗大，不拘方圆，厚二分许。用洁净小鹅子石衬而煤之，随其自为凹凸，色半黄便起，松美异常。或用盐，亦可。

花边月饼

明府家制花边月饼，不在山东刘方伯之下。余常以轿迎其女厨来园制造，看用飞面，拌生猪油，千团百搦，才用枣肉嵌入为馅，裁如碗大，以手搦其四边菱花样。用火盆两个，上下覆而炙之。枣不去皮，取其鲜也；油不先熬，取其生也。含之上口而化，甘而不腻，松而不滞，其工夫全在搦中，愈多愈妙。

制馒头法

偶食龙明府❸馒头，白细如雪，面有银光，以为是北面之故。龙云不然。面不分南北，只要罗得极细。罗筛至五次，则自然白细。不必北面也。惟做酵❹最难，请其庖

❶ 张荷塘：张五典，字叙百，号荷塘。陕西泾阳人。乾隆二十五年（1760）科进士，历官上元、攸县知县。

❷ 搦：以手握捏、揉挤。

❸ 龙明府：龙铎，字震升，号雨樵，顺天宛平（今北京丰台区）人。乾隆二十四年（1759）举人，曾任吴江县令。明府，明清时期知县的别称。

❹ 做酵：即使面粉发酵蓬松。

人来教，学之卒不能松散。

扬州洪府粽子

洪府制粽，取顶高糯米，捡其完善长白者，去其半颗散碎者，淘之极熟，用大箬叶裹之，中放好火腿一大块，封锅闷煨一日一夜，柴薪不断。食之滑腻温柔，肉与米化，故云。即用火腿肥者斩碎，散置米中。

饭粥单

粥饭本也，余菜末也，本立而道生。作《饭粥单》。

饭

王莽云："盐者，百肴之将。"余则曰："饭者，百味之本。"《诗》称："释之溲溲，蒸之浮浮。"是古人亦吃蒸饭。然终嫌米汁不在饭中。善煮饭者，虽煮如蒸，依旧颗粒分明，入口软糯。其诀有四：一要米好。或香稻，或冬霜，或晚米，或观音籼，或桃花籼，春之极熟，霉天风摊播之，不使惹霉发疹。一要善淘。淘米时不惜工夫，用手揉擦，使水从箩中淋出，竟成清水，无复米色。一要用火先武后文，闷起得宜。一要相米放水，不多不少，燥湿得宜。往往见富贵人家，讲菜不讲饭，逐末忘本，真为可笑。余不喜汤浇饭，恶失饭之本味故也。汤果佳，宁一口吃汤，一口吃饭，分前后食之，方两全其美。不得已，则用茶、用开水淘之，犹不夺饭之正味。饭之甘，在百味之上，知味者，遇好饭不必用菜。

粥

　　见水不见米，非粥也；见米不见水，非粥也。必使水米融洽，柔腻如一，而后谓之粥。尹文端公曰："宁人等粥，毋粥等人。"此真名言，防停顿而味变汤干故也。近有为鸭粥者，入以荤腥；为八宝粥者，入以果品，俱失粥之正味。不得已，则夏用绿豆，冬用黍米，以五谷入五谷，尚属不妨。余常食于某观察家，诸菜尚可，而饭粥粗粝，勉强咽下，归而大病。常戏语人曰："此是五脏神暴落难。是故自禁受不得。"

腊八粥（选自"华北交通写真"数据库）

茶酒单

七碗生风，一杯忘世，非饮用六清不可。作《茶酒单》。

茶

欲治好茶，先藏好水。水求中泠、惠泉❶。人家中何能置驿而办？然天泉水、雪水，力能藏之。水新则味辣，陈则味甘。尝尽天下之茶，以武夷山顶所生，冲开白色者为第一。然入贡尚不能多，况民间乎？其次，莫如龙井。清明前者，号"莲心"，太觉味淡，以多用为妙；雨前最好，一旗一枪，绿如碧玉。收法，须用小纸包，每包四两，放石灰坛中，过十日则换石灰，上用纸盖札住，否则气出而色味全变矣。烹时用武火，用穿心罐，一滚便泡，滚久则水味变矣。停滚再泡，则叶浮矣。一泡便饮，用盖掩之则味又变矣。此中消息，间不容发也。山西裴中丞❷尝谓人曰：

❶　中泠、惠泉：均为著名水源，中泠泉位于镇江，惠泉位于无锡。

❷　裴中丞：裴宗锡(1712—1779)，原名二知，字午桥，号香山先生，山西曲沃（今属临汾市）人。乾隆五年（1740），由监生捐纳同知，补山东青州知府。乾隆三十五年（1770），调任安徽布政使，后升任安徽巡抚。

"余昨日过随园，才吃一杯好茶。"呜呼，公山西人也，能为此言；而我见士大夫生长杭州，一入宦场便吃熬茶，其苦如药，其色如血。此不过肠肥脑满之人吃槟榔法也。俗矣！除吾乡龙井外，余以为可饮者，胪列于后。

一武夷茶

余向不喜武夷茶，嫌其浓苦如饮药。然丙午秋，余游武夷，到曼亭峰、天游寺诸处，僧道争以茶献。杯小如核桃，壶小如香橼，每斟无一两。上口不忍遽咽，先嗅其香，再试其味，徐徐咀嚼而体贴之。果然清芬扑鼻，舌有余甘。一杯之后，再试一二杯，令人释躁平矜❶，怡情悦性。始觉龙井虽清而味薄矣，阳羡❷虽佳而韵逊矣。颇有玉与水晶，品格不同之故。故武夷享天下盛名，真乃不忝❸。且可以瀹至三次，而其味犹未尽。

一龙井茶

杭州山茶，处处皆清，不过以龙井为最耳。每还乡上冢，见管坟人家送一杯茶，水清茶绿，富贵人所不能吃者也。

一常州阳羡茶

阳羡茶，深碧色，形如雀舌，又如巨米，味较龙井略浓。

---

❶ 释躁平矜：指使态度平和、心情舒畅。
❷ 阳羡：即江苏省宜兴市。
❸ 忝：惭愧，羞辱。

一洞庭君山茶

洞庭君山出茶，色味与龙井相同。叶微宽而绿过之。采掇最少，方毓川❶抚军曾惠两瓶，果然佳绝。后有送者，俱非真君山物矣。

此外如六安、银针、毛尖、梅片、安化，概行黜落。

酒

余性不近酒，故律❷酒过严，转能深知酒味。今海内动行绍兴，然沧酒❸之清，浔酒❹之洌，川酒之鲜，岂在绍兴下哉！大概酒似耆老宿儒，越陈越贵，以初开坛者为佳，谚所谓"酒头茶脚"是也。炖法不及则凉，太过则老，近火则味变，须隔水炖，而谨塞其出气处才佳。取可饮者，开列于后。

---

❶ 方毓川：方世俊（？—1770），字毓川，安徽桐城人。乾隆四年（1739）进士，授户部主事。累迁太仆寺少卿，外授陕西布政使，后擢贵州巡抚、调湖南巡抚。因贪污下狱卒。

❷ 律：评价、评定。

❸ 沧酒：河北沧州所产之酒。梁章钜《浪迹续谈》卷四："沧酒之著名尚在绍酒之前，而今人但知有绍酒，而鲜言及沧酒者，盖末流之酿法渐不如其初耳。"

❹ 浔酒：浙江湖州南浔所产之酒。顾起元《客座赘语》卷九："说者谓近日湖州南浔所酿，当吴越第一。"

民国时期街头运酒的酒坛（选自"华北交通写真"数据库）

一金坛于酒

于文襄[1]公家所造，有甜、涩二种，以涩者为佳。一清彻骨，色若松花。其味略似绍兴，而清冽过之。

一德州卢酒

卢雅雨转运家所造，色如于酒，而味略厚。

一四川郫筒酒

郫筒酒，清冽彻底，饮之如梨汁蔗浆，不知其为酒也。但从四川万里而来，鲜有不味变者。余七饮郫筒，惟杨笠湖刺史木簰上所带为佳。

一绍兴酒

绍兴酒，如清官廉吏，不参一毫假，而其味方真。又如名士耆英，长留人间，阅尽世故，而其质愈厚。故绍兴酒，不过五年者不可饮，参水[2]者亦不能过五年。余常称绍兴为名士，烧酒为光棍。

---

❶ 于文襄：于敏中（1714—1780），字叔子，号耐圃，江苏金坛（今属常州市）人。乾隆二年（1737）状元，授翰林院修撰，累迁内阁学士。后复督山东学政，擢兵部侍郎。官至协办大学士、文华殿大学士兼户部尚书。谥文襄。

❷ 参水：即"掺水"。

一湖州南浔酒

湖州南浔酒，味似绍兴，而清辣过之。亦以过三年者为佳。

一常州兰陵酒

唐诗有"兰陵美酒郁金香，玉碗盛来琥珀光"之句。余过常州，相国刘文定公❶饮以八年陈酒，果有琥珀之光。然味太浓厚，不复有清远之意矣。宜兴有蜀山酒，亦复相似。至于无锡酒，用天下第二泉所作，本是佳品，而被市井人苟且为之，遂至浇淳散朴，殊可惜也。据云有佳者，恰未曾饮过。

一溧阳乌饭❷酒

余素不饮。丙戌年，在溧水叶比部家饮乌饭酒，至十六杯。傍人大骇，来相劝止；而余犹颓然，未忍释手。其色黑，其味甘鲜，口不能言其妙。据云，溧水风俗，生一女，必造酒一坛，以青精饭为之。俟嫁此女，才饮此酒。以故极早亦须十五六年。打瓮时只剩半坛，质能胶口，香闻室外。

---

❶ 刘文定公：刘纶（1711—1773），字如叔，一字慎涵，号绳庵，江苏武进（今属常州市）人。乾隆初，以廪生举博学鸿词科，授编修。累官军机大臣、兵部尚书、文渊阁大学士兼工部尚书。谥文定。

❷ 乌饭：用南烛叶捣成汁混入稻米中煮成的饭，饭呈乌黑色。

一苏州陈三白酒

乾隆三十年，余饮于苏州周慕庵家，酒味鲜美，上口粘唇，在杯满而不溢。饮至十四杯，而不知是何酒。问之主人，曰陈十余年之三白酒也。因余爱之，次日再送一坛来，则全然不是矣。甚矣，世间尤物之难多得也。按郑康成《周官》注"盎齐"云："盎者翁翁然，如今酂白。"❶ 疑即此酒。

一金华酒

金华酒，有绍兴之清，无其涩；有女贞之甜，无其俗。亦以陈者为佳。盖金华一路水清之故也。

一山西汾酒

既吃烧酒，以狠为佳。汾酒乃烧酒之至狠者。余谓烧酒者，人中之光棍，县中之酷吏也。打擂台，非光棍不可；除盗贼，非酷吏不可；驱风寒，消积滞，非烧酒不可。汾酒之下，山东膏粱 ❷ 烧次之，能藏至十年，则酒色变绿，上口转甜，亦犹光棍做久，便无火气，殊可交也。常见童二树 ❸ 家泡烧酒十斤，用枸杞四两、苍术二两、巴戟天一两，

---

❶ 郑注原文作"盎，犹翁也。成而翁翁然，葱白色，如今酂白也"。

❷ 膏粱：即高粱。

❸ 童二树：童钰（1721—1782），字璞岩，又字二如，号二树，别号二树山人、借庵子、梅道人、梅痴等，会稽（今浙江绍兴）人。书画俱佳，擅画山水、兰竹等，尤其喜欢画梅。曾寄居其童岳荐扬州府中。

布扎一月，开瓮甚香。如吃猪头、羊尾、"跳神肉"之类，非烧酒不可。亦各有所宜也。

此外如苏州之女贞、福贞、元燥，宣州之豆酒，通州之枣儿红，俱不入流品。至不堪者，扬州之木瓜也，上口便俗。

图书在版编目（CIP）数据

随园食单 /（清）袁枚著；陈澍点校. -- 杭州：
浙江人民美术出版社，2024.1
（吃吃喝喝）
ISBN 978-7-5340-3817-4

Ⅰ. ①随… Ⅱ. ①袁… ②陈… Ⅲ. ①烹饪—中国—
清前期②食谱—中国—清前期③中式菜肴—中国—清前期
Ⅳ. ①TS972.117

中国国家版本馆CIP数据核字（2023）第089839号

吃吃喝喝

随园食单

〔清〕袁　枚 著　陈　澍 点校

策划编辑　霍西胜
责任编辑　左　琦
责任校对　罗仕通
责任印制　陈柏荣

出版发行　浙江人民美术出版社
　　　　　（杭州市体育场路347号）
经　　销　全国各地新华书店
制　　版　浙江大千时代文化传媒有限公司
印　　刷　杭州捷派印务有限公司
版　　次　2024年1月第1版
印　　次　2024年1月第1次印刷
开　　本　880mm×1230mm　1/32
印　　张　4
字　　数　92千字
书　　号　ISBN 978-7-5340-3817-4
定　　价　28.00元

如发现印刷装订质量问题，影响阅读，请与出版社营销部（0571-85174821）
联系调换。